Abhandlungen
der Bayerischen Akademie der Wissenschaften
Mathematisch-naturwissenschaftliche Abteilung
XXXI. Band, 4. Abhandlung

Über dreifache Flächensysteme und Ermittelung von Flächen, deren Minimalkurven durch Quadraturen bestimmt sind

von

Aurel Voss

Vorgelegt am 5. Februar 1927

München 1927
Verlag der Bayerischen Akademie der Wissenschaften
in Kommission des Verlags R. Oldenbourg München

Teil I.

Über dreifache Flächensysteme.

§ 1.

Der einfache Fall $\varepsilon_i^2 = 1$.

In einem allgemeinen dreifachen Flächensystem gehen durch jeden Punkt P eines gewissen räumlichen Gebietes, dessen rechtwinklige Koordinaten x, y, z Funktionen von drei unabhängigen Variabeln u, v, w sind, drei Kurven, je nachdem u, v, w je allein als variabel betrachtet werden. Dies sind die Kurven u, v, w, welche zugleich die Tangentenebenen vw, uw, uv der durch P gehenden Flächen durch die von P ausgehenden Tangenten jener Kurven bestimmen. Die Flächen selbst mögen durch (uv), (uw), (vw) bezeichnet werden, so daß z. B. der Fläche (uv) die Kurve w entspricht.

Dabei ist das Quadrat des Längenelementes

$$ds^2 = \varepsilon_1^2\, du^2 + \varepsilon_2^2\, dv^2 + \varepsilon_3^2\, dw^2 + 2 f_3\, du\, dv + 2 f_2\, du\, dw + 2 f_1\, dv\, dw$$

mit

$$\varepsilon_1^2 = \Sigma x_u^2, \qquad \varepsilon_2^2 = \Sigma x_v^2, \qquad \varepsilon_3^2 = \Sigma x_w^2,$$

$$f_3 = \Sigma x_u\, x_v, \quad f_2 = \Sigma x_u\, x_w, \quad f_1 = \Sigma x_v\, x_w$$

und die

$$\frac{f_3}{\varepsilon_1 \varepsilon_2}, \quad \frac{f_2}{\varepsilon_1 \varepsilon_3}, \quad \frac{f_1}{\varepsilon_2 \varepsilon_3}$$

sind die cosinus der Winkel zwischen den Kurven u, v; u, w; v, w.

In dem besonderen Falle, wo alle ε_i $(i = 1, 2, 3)$ gleich Eins sind, sind die f diese cosinus selbst. In diesem einfachen Falle entsteht eine rhombische Teilung des Gebietes von überall gleicher Kantenlänge. Auf ihn kann das Längenelement

$$ds^2 = U^2\, du^2 + V^2\, dw^2 + W^2\, dw^2 + 2 f_3\, du\, dv + 2 f_2\, du\, dw + 2 f_1\, dv\, dw$$

mit U, V, W als abhängig je allein von u, v, w durch Transformation zurückgeführt werden. Im allgemeinen sind die ε, f als Funktionen von u, v, w anzusehen; dem Falle $\varepsilon_1 = \varepsilon_2 = \varepsilon_3$ entspricht die allgemeine rhombische Teilung.

Die vorhin gebrauchten Σ Zeichen sollen, wo kein Mißverständnis möglich ist, überall fortgelassen werden, beziehen sich daher immer auf die gleichzeitige Summation nach x, y, z in Bezug auf den doppelt vorkommenden Index u, v, w, so daß einfach

$$\varepsilon_1^2 = x_u^2, \quad f_3 = x_u\, x_v \quad \text{usw. für } x_u\, x_v + y_u\, y_v + z_u\, z_v \text{ usw.}$$

gesetzt wird.

Aus den Gleichungen[1])

$$x_u x_{uu} = 0, \quad x_u x_{uv} = 0, \quad x_u x_{uw} = 0,$$
$$x_v x_{vu} = 0, \quad x_v x_{vv} = 0, \quad x_v x_{vw} = 0,$$
$$x_w x_{wu} = 0, \quad x_w x_{wv} = 0, \quad x_w x_{ww} = 0,$$

folgt

$$1)\quad x_{uv} = \lambda_3 (y_u z_v - y_v z_u), \quad x_{uw} = \lambda_2 (y_w z_u - y_u z_w), \quad x_{vw} = \lambda_1 (y_v z_w - y_w z_v),$$
$$y_{uv} = \lambda_3 (z_u x_v - x_u z_v), \quad y_{uw} = \lambda_2 (z_w x_u - x_w z_u), \quad y_{vw} = \lambda_1 (z_v x_w - x_v z_w),$$
$$z_{uv} = \lambda_3 (x_u y_v - x_v y_u), \quad z_{uw} = \lambda_2 (x_w y_u - y_w x_u), \quad z_{vw} = \lambda_1 (x_v y_w - x_w y_v).$$

Die x, y, z werden immer als Funktionen der u, v, w vorausgesetzt, die mit ihren Ableitungen nach diesen Variabeln, soweit sie gebraucht werden, stetig sind. Alle diese Ableitungen sind dann von der Reihenfolge der Differentiationen unabhängig; dazu genügt, unter den angegebenen Voraussetzungen, daß die bekannten Integrabilitätsbedingungen, die schon in der Theorie der einzelnen Fläche auftreten

$$\text{a)}\quad \frac{\partial}{\partial v}(x_{uu}) = \frac{\partial}{\partial u}(x_{uv}), \quad \frac{\partial}{\partial v}(x_{ww}) = \frac{\partial}{\partial w}(x_{vw}),$$
$$\frac{\partial}{\partial w}(x_{uu}) = \frac{\partial}{\partial u}(x_{uw}), \quad \frac{\partial}{\partial w}(x_{vv}) = \frac{\partial}{\partial v}(x_{vw}),$$
$$\frac{\partial}{\partial u}(x_{ww}) = \frac{\partial}{\partial w}(x_{uw}), \quad \frac{\partial}{\partial u}(x_{vv}) = \frac{\partial}{\partial v}(x_{uv}),$$

die auch für y und z gelten, zu denen jetzt aber noch die dritten Ableitungen

$$\text{b)}\quad x_{uvw} = x_{uwv} = \cdots x_{wuv}$$

hinzukommen. Die Gleichungen a), b) sind nach den Voraussetzungen reine Identitäten, aber die Frage, um die es sich hier handelt, ist, welche Bedingungen dadurch für die ε, f entstehen, die als beliebige, aber ebenfalls mit allen ihren Ableitungen in den u, v, w stetige Funktionen gegeben anzusehen sind.

In diesem Paragraphen werden nur die Folgerungen aus den Identitäten b) betrachtet, die zu besonders übersichtlichen Resultaten führen und mir seit über dreißig Jahren bekannt sind.

Man erhält nach 1)[2])

$$\text{I)}\quad x_{uvw} = \lambda_{3,w} (y_u z_v - y_v z_u) + \lambda_3 [x_u \lambda_2 f_1 + x_v \lambda_1 f_2 - x_w f_3 (\lambda_1 + \lambda_2)] = A_1,$$
$$x_{uwv} = \lambda_{2,v} (y_w z_u - y_u z_w) + \lambda_2 [x_u \lambda_3 f_1 + x_w \lambda_1 f_3 - x_v f_2 (\lambda_1 + \lambda_3)] = A_2,$$
$$x_{vwu} = \lambda_{1,u} (y_v z_w - y_w z_v) + \lambda_1 [x_v \lambda_3 f_2 + x_w \lambda_2 f_3 - x_u f_1 (\lambda_2 + \lambda_3)] = A_3,$$

und ebenso durch geeignete Vertauschungen

---

[1]) Hier sind überall die zuvor angegebenen Kürzungen benutzt.

[2]) An Stelle der Ableitungen $\frac{\partial \lambda_1}{\partial u}$ usw. wird im folgenden jeweils zur Abkürzung $\lambda_{1,u}$ usw. geschrieben werden. Analoges gilt für die ε und f.

$$\text{II)}\quad \begin{aligned} y_{uvw} &= \lambda_{3,w}(z_u x_v - x_u z_v) + \lambda_3 [y_u \lambda_2 f_1 + y_v \lambda_1 f_2 - y_w f_3 (\lambda_1 + \lambda_2)] = B_1, \\ y_{uwv} &= \lambda_{2,v}(z_w x_u - z_u x_w) + \lambda_2 [y_u \lambda_3 f_1 + y_w \lambda_1 f_3 - y_v f_2 (\lambda_1 + \lambda_3)] = B_2, \\ y_{vwu} &= \lambda_{1,u}(z_v x_w - z_w x_v) + \lambda_1 [y_v \lambda_3 f_2 + y_w \lambda_2 f_3 - y_u f_1 (\lambda_2 + \lambda_3)] = B_3, \end{aligned}$$

$$\text{III)}\quad \begin{aligned} z_{uvw} &= \lambda_{3,w}(x_u y_v - x_v y_u) + \lambda_3 [z_u \lambda_2 f_1 + z_v \lambda_1 f_2 - z_w f_3 (\lambda_1 + \lambda_2)] = C_1, \\ z_{wuv} &= \lambda_{2,v}(x_w y_u - x_u y_w) + \lambda_2 [z_u \lambda_3 f_1 + z_w \lambda_1 f_3 - z_v f_2 (\lambda_1 + \lambda_3)] = C_2, \\ z_{uvw} &= \lambda_{1,u}(x_v y_w - x_w y_v) + \lambda_1 [z_v \lambda_3 f_2 + z_w \lambda_2 f_3 - z_u f_1 (\lambda_2 + \lambda_3)] = C_3. \end{aligned}$$

Die Determinante

$$3)\qquad \Delta = \begin{vmatrix} x_u & y_u & z_u \\ x_v & y_v & z_v \\ x_w & y_w & z_w \end{vmatrix}, \qquad \Delta^2 = \begin{vmatrix} \varepsilon_1^2 & f_3 & f_2 \\ f_3 & \varepsilon_2^2 & f_1 \\ f_2 & f_1 & \varepsilon_3^2 \end{vmatrix}$$

ist immer $\Delta \neq 0$ vorauszusetzen, so weit überhaupt ein **räumliches** Gebiet vorhanden sein soll, da sonst zwischen den x, y, z eine Relation $F(x\,y\,z) = 0$ bestehen würde.

Es ist jetzt zu untersuchen, welche Gleichungen aus den hinreichenden und notwendigen Bedingungen

$$A_1 - A_2,\ B_1 - B_2,\ C_1 - C_2;\ A_2 - A_3 \ldots,\ A_3 - A_1 \ldots,$$

sämtlich gleich Null, folgen. Aus den Differenzen der beiden ersten Gleichungen I, II, III folgt

$$4)\quad \begin{aligned} &\lambda_{3,w}(y_u z_v - y_v z_u) - \lambda_{2,v}(y_w z_u - z_w y_u) + \lambda_3 [x_u \lambda_2 f_1 + x_v \lambda_1 f_2 - x_w f_3 (\lambda_1 + \lambda_2)] \\ &\qquad - \lambda_2 [x_u \lambda_3 f_1 + x_w \lambda_1 f_3 - x_v f_2 (\lambda_1 + \lambda_3)] = 0, \\ &\lambda_{3,w}(z_u x_v - x_u z_v) - \lambda_{2,v}(z_w x_u - x_w z_u) + \lambda_3 [y_u \lambda_2 f_1 + y_v \lambda_1 f_2 - y_w f_3 (\lambda_1 + \lambda_2)] \\ &\qquad - \lambda_2 [y_u \lambda_3 f_1 + y_w \lambda_1 f_3 - y_v f_2 (\lambda_1 + \lambda_3)] = 0, \\ &\lambda_{3,w}(x_u y_v - x_v y_u) - \lambda_{2,v}(x_w y_u - x_u y_w) + \lambda_3 [z_u \lambda_2 f_1 + z_v \lambda_1 f_2 - z_w f_3 (\lambda_1 + \lambda_2)] \\ &\qquad - \lambda_2 [z_u \lambda_3 f_1 + z_w \lambda_1 f_2 - z_v f_3 (\lambda_1 + \lambda_3)] = 0 \end{aligned}$$

und diese Gleichungen nebst den ihnen analog gebildeten drücken die Gleichheit **aller** dritten Ableitungen aus. Multipliziert man jetzt die Gleichungen 4) mit den x_u, y_u, z_u; x_v, y_v, z_v; x_w, y_w, z_w und summiert jedesmal, so ergibt sich im ersten Falle Null, im zweiten aber

$$5)\qquad -\lambda_{2,v}\,\Delta + (f_2 - f_1 f_3)(\lambda_1 \lambda_2 + \lambda_2 \lambda_3 + \lambda_3 \lambda_1) = 0$$

und im dritten

$$6)\qquad -\lambda_{3,w}\,\Delta + (f_3 - f_1 f_2)(\lambda_1 \lambda_2 + \lambda_2 \lambda_3 + \lambda_1 \lambda_3) = 0.$$

Durch Bildung der $A_2 - A_3$, $B_2 - B_3$, $C_2 - C_3$ folgt in derselben Weise

$$7)\qquad \begin{aligned} &-\lambda_{1,u}\,\Delta + (f_1 - f_2 f_3)(\lambda_1 \lambda_2 + \lambda_2 \lambda_3 + \lambda_3 \lambda_1) = 0, \\ &-\lambda_{2,v}\,\Delta + (f_2 - f_1 f_3)(\lambda_1 \lambda_3 + \lambda_2 \lambda_3 + \lambda_3 \lambda_1) = 0, \end{aligned}$$

von denen die letztere schon bei 5) steht. Und endlich folgt aus den $A_3 - A_1$, $B_3 - B_1$ $C_3 - C_1$, wie man leicht übersieht, keine neue Gleichung mehr. Aus dem Bestehen der Gleichungen

$$x_u(A_1 - A_2) + y_u(B_1 - B_2) + z_u(C_1 - C_2) = 0,$$
$$x_v(A_1 - A_2) + y_v(B_1 - B_2) + z_v(C_1 - C_2) = 0,$$
$$x_w(A_1 - A_2) + y_w(B_1 - B_2) + z_w(C_1 - C_2) = 0,$$

und ihrer analogen für die übrigen Differenzen vermöge der Bedingungen 5), 6), 7) folgt nun nach 3), daß die Unabhängigkeit aller dritten Ableitungen nach u, v, w von der Reihenfolge derselben durch die drei Gleichungen

$$\text{IV)}\quad \lambda_{3,w}\,\Delta = D(f_3 - f_1 f_2),$$
$$\lambda_{2,v}\,\Delta = D(f_2 - f_1 f_3),$$
$$\lambda_{1,u}\,\Delta = D(f_1 - f_2 f_3),$$
$$D = \lambda_1\lambda_2 + \lambda_2\lambda_3 + \lambda_3\lambda_1$$

vermöge $\Delta \neq 0$ ausgedrückt ist.

Die Bedingungen IV sind allerdings nicht ausreichend, da die a) noch nicht berücksichtigt sind. Die dazu nötigen weiteren Bedingungen werden sich erst in der allgemeinen Theorie der dreifachen Systeme ergeben.

Die bisher eingeführten λ_1, λ_2, λ_3 lassen sich durch die f_1, f_2, f_3 darstellen. Denn aus der Gleichung $\Sigma x_u x_v = f_3$ folgt

$$\Sigma x_{uw} x_v + \Sigma x_u x_{vw} = f_{3,w}$$

oder nach 3)

$$\lambda_2 \Sigma (y_w z_u - z_w y_u) x_v + \lambda_1 \Sigma x_u (y_v z_w - y_w z_v) = f_{3,w}$$

oder

$$\Delta(\lambda_1 + \lambda_2) = f_{3,w}$$

und ebenso

$$\Delta(\lambda_1 + \lambda_3) = f_{2,v}$$
$$\Delta(\lambda_3 + \lambda_2) = f_{1,u},$$

also

$$\text{V)}\quad 2\lambda_3\Delta = f_{1,u} + f_{2,v} - f_{3,w},$$
$$2\lambda_2\Delta = f_{1,u} + f_{3,w} - f_{2,v},$$
$$2\lambda_1\Delta = f_{2,v} + f_{3,w} - f_{1,u}.$$

Die Gleichungen IV) enthalten nur scheinbar die Irrationalität Δ, die man z. B. für die erste derselben auch schreiben kann

$$\frac{\partial}{\partial w}\left(\frac{\lambda_3}{\Delta}\right) = \frac{\partial}{\partial w}\left(\frac{\lambda_3\Delta}{\Delta^2}\right) = \frac{1}{\Delta^2}\frac{\partial}{\partial w}(\lambda_3\Delta) - \frac{\lambda_3\Delta}{\Delta^2}\frac{\partial}{\partial w}(\lg \Delta^2),$$

worin nach V) nur noch Δ^2 vorkommt.

Die Gleichungen IV) zeichnen sich durch Einfachheit und Symmetrie aus, und lassen sich auch geometrisch deuten. Durch jeden Punkt P gehen die drei Tangentenebenen E_{vw}, E_{uw}, E_{uv}; die Normale von E_{vw} hat die Richtungscosinus X_1, Y_1, Z_1, wobei

$$X_1 x_v + Y_1 y_v + Z_1 z_v = 0,$$
$$X_1 x_w + Y_1 y_w + Z_1 z_w = 0;$$

und ebenso ist die Normale von E_{uw} durch X_2, Y_2, Z_2

$$X_2 x_u + Y_2 y_u + Z_2 z_u = 0,$$
$$X_2 x_w + Y_2 y_w + Z_2 z_w = 0$$

bestimmt. Der Cosinus ihres Neigungswinkels Θ_3 ist daher durch

$$\cos\Theta_3 = (f_1 f_2 - f_3) : \sqrt{1-f_1^2}\sqrt{1-f_2^2}$$

und analog in den anderen Fällen gegeben. Daraus folgt: Da, wo zwei der Tangentenebenen der Flächen aufeinander senkrecht stehen, ist der entsprechende Differentialquotient des λ, z. B. hier $\frac{\partial \lambda_3}{\partial w} = 0$, gehört also zu einem *Ma*, *Mi*-Werte von λ_3. Wären alle $f_1 = f_2 = f_3 = 0$, so ist λ_3 nur abhängig von u und v, und für ein dreifaches Orthogonalsystem hat man also

$$ds^2 = du^2 + dv^2 + dw^2.$$

Aus $(f_1 f_2 f_3)^2 = f_1 f_2 f_3$ folgt aber, wenn z. B. $f_1 = 0$, unter der eben angegebenen Voraussetzung auch $f_2 = 0$, $f_3 = 0$, so daß ds^2 diese Form haben muß. Ist aber keines der f gleich Null, so müßte $f_1 f_2 f_3 = 1$ sein. Dies ist, da alle $|f| \leq 1$ sind, nur möglich, wenn sie gleichzeitig gleich eins sind; dies ist aber in einem dreifachen System unmöglich.

Ein besonderer Fall ist noch der, wo an einer Stelle gleichzeitig alle $\lambda_{3,w}$, $\lambda_{2,v}$, $\lambda_{1,u}$ Null sind, weil $D = 0$ ist. Dies entspricht der Bedingung

$$f_{3,w}^2 + f_{2,v}^2 + f_{1,u}^2 - 2\,(f_{1,u} f_{2,v} + f_{2,v} f_{3,w} + f_{1,u} f_{3,w}) = 0.$$

Diese Differentialgleichung könnte sogar an jeder Stelle eines Gebietes erfüllt sein, z. B. wenn $f_{3,w}$, $f_{2,v}$, $f_{1,w}$ gleichzeitig Null sind, aber auch in anderen Fällen, z. B. wenn $f_{3,w} = 0$, $f_{1,u} = f_{2,v}$ ist, doch kann man hieraus weitere Schlüsse ohne Betrachtung der Integrabilitätsbedingungen a), nicht ziehen.

§ 2.

Allgemeine Theorie der dreifachen Systeme.

Es soll hier zuerst ein allgemeiner Satz hergeleitet werden, der sich von den zahlreichen weitläufigen Beziehungen, die von anderen, z. B. Codazzi aufgestellt sind, durch Einfachheit, wie ich glaube, auszeichnet. Er bezieht sich auf die Richtungscosinus der Binormalen der Schnittkurven u, v, w; z. B. u gegen die Normalen der zu u gehörigen Tangentenebenen der Flächen, hier also der Flächen (uw), (uv) mit der Schnittkurve u.

Der Krümmungsradius der Kurve u, deren Bogenlänge für einen Augenblick durch σ bezeichnet sei, ist

$$\frac{1}{\varrho_1} = \sqrt{\left(\frac{d\cos\alpha}{d\sigma}\right)^2 + \left(\frac{d\cos\beta}{d\sigma}\right)^2 + \left(\frac{d\cos\gamma}{d\sigma}\right)^2},$$

wobei $\cos\alpha = \frac{dx}{d\sigma}$, $\cos\beta = \frac{dy}{d\sigma}$, $\cos\gamma = \frac{dz}{d\sigma}$. Führt man an Stelle von σ die Variable u ein, so ist

$$\frac{d\sigma}{du} = \sigma_u = \varepsilon_1$$

und man hat

$$1)\qquad \frac{1}{\varrho_1} = \frac{\sqrt{\Sigma (x_{uu})^2 - \varepsilon_{1,u}^2}}{\varepsilon_1^2}.$$

Die Cosinus der Binormale von u sind gleich

$$\begin{gathered} \varkappa\,(y_u z_{uu} - z_u y_{uu}) \\ \varkappa\,(z_u x_{uu} - x_u z_{uu}) \\ \varkappa\,(x_u y_{uu} - y_u x_{uu}), \end{gathered}$$

wobei $\varepsilon_1^2 \varkappa^2 (\Sigma (x_{uu})^2 - \varepsilon_{1,u}^2) = 1$ oder $\varkappa = \frac{\varrho_1}{\varepsilon_1^2}$ wird. Hieraus folgt für den Cosinus des Winkels der Binormale B_u von u mit der Normalen N_{uv} der Fläche (uv) die Gleichung

$$2)\qquad \cos (B_u, N_{uv}) = \begin{vmatrix} y_u z_{uu} - z_u y_{uu}, & z_u x_{uu} - x_u z_{uu}, & x_u y_{uu} - y_u z_{uu} \\ x_u & y_u & z_u \\ x_v & y_v & z_v \end{vmatrix} \frac{\varkappa}{\sqrt{\varepsilon_1^2 \varepsilon_2^2 - f_3^2}}$$

oder

$$3)\qquad \cos (B_u N_{uv}) = \frac{\varrho_1 D}{\varepsilon_1^2 \sqrt{\varepsilon_1^2 \varepsilon_2^2 - f_3^2}},$$

wo D die in 2) rechts stehende Determinante bedeutet. Um sie durch die ε, f auszudrücken, multipliziere man 3) beiderseits mit Δ, wobei

$$\Delta^2 = \varepsilon_1^2 \varepsilon_2^2 \varepsilon_3^2 - \varepsilon_1^2 f_1^2 - \varepsilon_2^2 f_2^2 - \varepsilon_3^2 f_3^2 + 2 f_1 f_2 f_3.$$

Dadurch wird[1])

$$\Delta D = \begin{vmatrix} 0 & \begin{vmatrix} x_v \\ x_u \\ x_{uu} \end{vmatrix} & \begin{vmatrix} x_w \\ x_u \\ x_{uu} \end{vmatrix} \\ \varepsilon_1^2 & f_3 & f_2 \\ f_3 & \varepsilon_2^2 & f_1 \end{vmatrix}$$

und die nochmalige Multiplikation mit Δ verwandelt die drei Glieder der ersten Reihe dieser Determinante rechts in

$$0, \quad \begin{vmatrix} \varepsilon_1 \varepsilon_{1,u} & P & P_1 \\ f_3 & \varepsilon_2^2 & f_1 \\ \varepsilon_1^2 & f_3 & f_2 \end{vmatrix}, \quad \begin{vmatrix} f_2 & f_1 & \varepsilon_3^2 \\ \varepsilon_1^2 & f_3 & f_2 \\ \varepsilon_1 \varepsilon_{1,u} & P & P_1 \end{vmatrix},$$

wobei

$$4)\qquad P = \Sigma x_{uu} x_v = f_{3,u} - \varepsilon_1 \varepsilon_{1,v}, \quad P_1 = \Sigma x_{uu} x_w = f_{2,u} - \varepsilon_1 \varepsilon_{1,w},$$

während die letzten beiden Reihen ungeändert bleiben. Rechnet man jetzt $\Delta^2 D$ aus, so zeigt sich, daß der Faktor von P_1 gleich Null ist, während der von P gleich $\varepsilon_1^2 \Delta^2$ wird. Der Faktor von $\varepsilon_1 \varepsilon_{1,u}$ wird

$$(\varepsilon_3^2 f_2 - f_1 f_3)(f_2 f_3 - \varepsilon_1^2 f_1) + (f_1 f_2 - \varepsilon_3^2 f_3)(\varepsilon_1^2 \varepsilon_2^2 - f_3^2) = - \Delta^2 f_3.$$

---

[1]) In den dreireihigen Determinanten von der Form

$$\begin{vmatrix} x_{uv} & y_{uv} & z_{uv} \\ x_w & y_w & z_w \\ x_u & y_u & z_u \end{vmatrix}$$

ist immer nur die erste Kolonne hingeschrieben.

Es wird daher

$$\cos(B_u, N_{uv}) = \frac{\varrho_1}{\varepsilon_1^3}(P\varepsilon_1^2 - f_3\,\varepsilon_1\,\varepsilon_{1,u})\frac{1}{\sqrt{\varepsilon_1^2\,\varepsilon_2^2 - f_3^2}}$$

oder

$$5)\qquad \cos(B_u, N_{uv}) = \varrho_1\left(\frac{\partial}{\partial u}\left(\frac{f_3}{\varepsilon_1}\right) - \varepsilon_{1,v}\right)\frac{1}{\sqrt{\varepsilon_1^2\,\varepsilon_2^2 - f_3^2}};$$

wenn man den Wert 4) von P einsetzt.

Die entsprechende Vertauschung der Größen u, v, w liefert die folgende Formelgruppe

$$6)\qquad \begin{cases} \cos(B_u, N_{uv}) = \varrho_1\left(\frac{\partial}{\partial u}\left(\frac{f_3}{\varepsilon_1}\right) - \varepsilon_{1,v}\right)\frac{1}{\sqrt{\varepsilon_1^2\,\varepsilon_2^2 - f_3^2}}, \\ \cos(B_u, N_{uw}) = \varrho_1\left(\frac{\partial}{\partial u}\left(\frac{f_2}{\varepsilon_1}\right) - \varepsilon_{1,w}\right)\frac{1}{\sqrt{\varepsilon_1^2\,\varepsilon_3^2 - f_2^2}}; \end{cases}$$

$$\begin{cases} \cos(B_v, N_{vu}) = \varrho_2\left(\frac{\partial}{\partial v}\left(\frac{f_3}{\varepsilon_2}\right) - \varepsilon_{2,u}\right)\frac{1}{\sqrt{\varepsilon_1^2\,\varepsilon_2^2 - f_3^2}}, \\ \cos(B_v, N_{vw}) = \varrho_2\left(\frac{\partial}{\partial v}\left(\frac{f_1}{\varepsilon_2}\right) - \varepsilon_{2,w}\right)\frac{1}{\sqrt{\varepsilon_2^2\,\varepsilon_3^2 - f_1^2}}; \end{cases}$$

$$\begin{cases} \cos(B_w, N_{wu}) = \varrho_3\left(\frac{\partial}{\partial w}\left(\frac{f_2}{\varepsilon_3}\right) - \varepsilon_{3,u}\right)\frac{1}{\sqrt{\varepsilon_1^2\,\varepsilon_3^2 - f_2^2}}, \\ \cos(B_w, N_{wv}) = \varrho_3\left(\frac{\partial}{\partial w}\left(\frac{f_1}{\varepsilon_3}\right) - \varepsilon_{3,v}\right)\frac{1}{\sqrt{\varepsilon_2^2\,\varepsilon_3^2 - f_1^2}}. \end{cases}$$

Sie ist dadurch bemerkenswert, daß die **Verhältnisse dieser Cosinus von den Krümmungsradien der Schnittkurven unabhängig sind.**

Der einfache Fall $\varepsilon_1 = \varepsilon_2 = \varepsilon_3 = 1$ liefert ein weiteres Resultat; denn es wird

$$\cos(B_u, N_{uv}) = \varrho_1\frac{\partial f_3}{\partial u}\frac{1}{\sqrt{1 - f_3^2}},\quad \cos(B_u, N_{uw}) = \varrho_1\frac{\partial f_2}{\partial u}\frac{1}{\sqrt{1 - f_2^2}}.$$

Da mit Ω_1, Ω_2, Ω_3 als Winkel der Schnittkurven

$$f_1 = \cos\Omega_1,\quad f_2 = \cos\Omega_2,\quad f_3 = \cos\Omega_3$$

wird, so erhält man:

$$\cos(B_u, N_{uv}) = -\varrho_1\frac{\partial\Omega_3}{\partial u},\quad \cos(B_u, N_{uw}) = -\varrho_1\frac{\partial\Omega_2}{\partial u}$$

oder

$$\frac{\cos(B_u, N_{uv})}{\cos(B_u, N_{uw})} = \frac{\partial\Omega_3}{\partial\Omega_2},$$

so daß **diese Verhältnisse gleich dem Verhältnis der Änderungen der Koordinatenwinkel beim Fortschreiten auf jeder Schnittkurve sind.**

Für **orthogonale Systeme** endlich erhält man

$$\cos(B_u, N_{uv}) = -\varrho_1\,\varepsilon_{1,v} : \varepsilon_1\,\varepsilon_2,$$
$$\cos(B_u, N_{uw}) = -\varrho_1\,\varepsilon_{1,w} : \varepsilon_1\,\varepsilon_3 \text{ usw.}$$

Die Formeln dieses Paragraphen verlieren teilweise oder ganz ihren Sinn, wenn eines der ε oder alle gleich Null sind.

In letzterem Falle haben übrigens, wie eine einfache Rechnung zeigt, auch die Binormalen die Richtungen von Minimalgeraden.

§ 3.

Erste Gruppe der Fundamentalgleichungen für dreifache Flächensysteme.

Bei der allgemeinen Betrachtung dreifacher Systeme ist es zweckmäßig, an Stelle der λ in § 1 drei andere Ausdrücke H_1, H_2, H_3 einzuführen, die durch die Gleichungen

1)
$$\begin{aligned} \Sigma x_{vw}\, x_u &= H_1, \\ \Sigma x_{uw}\, x_v &= H_2, \\ \Sigma x_{vu}\, x_w &= H_3 \end{aligned}$$

definiert sind. Man hat dann

$$\begin{aligned} \Sigma x_{vw}\, x_u + \Sigma x_v\, x_{uw} &= f_{3,w}, \\ \Sigma x_{vw}\, x_u + \Sigma x_w\, x_{uv} &= f_{2,v}, \\ \Sigma x_{uv}\, x_w + \Sigma x_v\, x_{uw} &= f_{1,u}, \end{aligned}$$

oder

2)
$$\begin{aligned} H_1 + H_2 &= f_{3,w}; \quad 2H_1 = f_{3,w} + f_{2,v} - f_{1,u}, \\ H_3 + H_1 &= f_{2,v}; \quad 2H_2 = f_{3,w} + f_{1,u} - f_{2,v}, \\ H_2 + H_3 &= f_{1,u}; \quad 2H_3 = f_{1,u} + f_{2,v} - f_{3,w}. \end{aligned}$$

Auch hier wird man sich leicht an die Bezeichnung $x_{vw}\, x_u = \Sigma x_{vw}\, x_u$, wobei das Σ Zeichen wie im § 2 sich auf die Summation nach den x, y, z bezieht, gewöhnen. Ohne diese Abkürzungen würden die folgenden Formeln von unerträglicher Weitläufigkeit werden.

Es handelt sich jetzt um die Integrabilitätsbedingungen des § 1, deren Anzahl im ganzen 27 beträgt. Es läßt sich aber zeigen, daß diese sich immer auf 6 reduzieren, die für $f_1 = f_2 = f_3 = 0$ den 6 Gleichungen von Lamé entsprechen; dies beruht einerseits auf den unter 2) definierten Abkürzungen, andererseits auf den Eigenschaften der H. Dabei ist nun überall

a)
$$\begin{aligned} x_u\, x_v &= f_3, \quad x_u\, x_w = f_2, \quad x_v\, x_w = f_1, \\ x_u^2 &= \varepsilon_1^2, \quad x_v^2 = \varepsilon_2^2, \quad x_w^2 = \varepsilon_3^2. \end{aligned}$$

Aus den Identitäten a) entspringt die folgende erste Gruppe von Gleichungen, wobei

a_1)
$$\begin{aligned} x_u\, x_{uu} &= \varepsilon_1\, \varepsilon_{1,u}, \\ x_v\, x_{uu} &= f_{3,u} - \varepsilon_1\, \varepsilon_{1,v}, \\ x_w\, x_{uu} &= f_{2,u} - \varepsilon_1\, \varepsilon_{1,w}; \end{aligned}$$

a_2)
$$\begin{aligned} x_u\, x_{vv} &= f_{3,v} - \varepsilon_2\, \varepsilon_{2,u}, \\ x_v\, x_{vv} &= \varepsilon_2\, \varepsilon_{2,v}, \\ x_w\, x_{vv} &= f_{1,v} - \varepsilon_2\, \varepsilon_{2,w}; \end{aligned}$$

a_3)
$$\begin{aligned} x_u\, x_{ww} &= f_{2,w} - \varepsilon_3\, \varepsilon_{3,u}, \\ x_v\, x_{ww} &= f_{1,w} - \varepsilon_3\, \varepsilon_{3,v}, \\ x_w\, x_{ww} &= \varepsilon_3\, \varepsilon_{3,w}, \end{aligned}$$

von denen beständig Gebrauch zu machen ist.

Die Integrabilitätsbedingungen erhält man durch die folgende ganz elementare Rechnung, deren Anfang explicite ausgeführt ist.

Aus $x_u\, x_{uu} = \varepsilon_1\, \varepsilon_{1,u}, \qquad x_u\, x_{vu} = \varepsilon_1\, \varepsilon_{1,v},$

$$x_u\, x_{uuv} + x_{vu}\, x_{uu} = (\varepsilon_1\, \varepsilon_{1,u})_v, \quad x_u\, x_{vuu} + x_{uu}\, x_{uv} = (\varepsilon_1\, \varepsilon_{1,v})_u$$

folgt durch Subtraktion

A_1) $\quad x_u\,(x_{uuv} - x_{vuu}) = 0.$

Aus $x_v\, x_{uu} = f_{3,u} - \varepsilon_1\, \varepsilon_{1,v}, \qquad x_v\, x_{vu} = \varepsilon_2\, \varepsilon_{2,u},$

$$x_v\, x_{uuv} + x_{vv}\, x_{uu} = f_{3,uv} - (\varepsilon_1\, \varepsilon_{1,v})_v, \quad x_v\, x_{vuu} + (x_{vu})^2 = (\varepsilon_2\, \varepsilon_{2,u})_u$$ folgt

B_1) $\quad x_v\,(x_{uuv} - x_{vuu}) = f_{3,uv} - (\varepsilon_1\, \varepsilon_{1,v})_v - (\varepsilon_2\, \varepsilon_{2,u})_u + (x_{vu})^2 - x_{uu}\, x_{vv}.$

Endlich aus

$$x_w\, x_{uu} = f_{2,u} - \varepsilon_1\, \varepsilon_{1,w}, \qquad x_u\, x_{uv} = \varepsilon_1\, \varepsilon_{1,v},$$

$$x_w\, x_{uuv} + x_{wv}\, x_{uu} = f_{2,uv} - (\varepsilon_1\, \varepsilon_{1,w})_v, \quad x_w\, x_{vuu} + x_{wu}\, x_{vu} = H_{3,u},$$ oder

C_1) $\quad x_w\,(x_{uuv} - x_{vuu}) = f_{2,uv} - (\varepsilon_1\, \varepsilon_{1,w})_v - x_{wv}\, x_{uu} + x_{wu}\, x_{vu} - H_{3,u}.$

Auf dieselbe Art erhält man

$$x_u\, x_{vv} = f_{3,v} - \varepsilon_2\, \varepsilon_{2,u}, \qquad x_u\, x_{uv} = \varepsilon_1\, \varepsilon_{1,v},$$

$$x_u\, x_{vvu} + x_{uu}\, x_{vv} = f_{3,vu} - (\varepsilon_2\, \varepsilon_{2,u})_u, \quad x_u\, x_{uvv} + (x_{uv})^2 = (\varepsilon_1\, \varepsilon_{1,v})_v,$$ also

A_2) $\quad x_u\,(x_{uvv} - x_{vvu}) = -f_{3,vu} + (\varepsilon_2\, \varepsilon_{2,u})_u + (\varepsilon_1\, \varepsilon_{1,v})_v + x_{uu}\, x_{vv} - (x_{vu})^2,$

B_2) $\quad x_v\,(x_{uvv} - x_{vvu}) = 0,$

C_2) $\quad x_w\,(x_{uvv} - x_{vvu}) = x_{wu}\, x_{vv} - x_{wv}\, x_{uv} + H_{3,v} + (\varepsilon_2\, \varepsilon_{2,w})_u - f_{1,vu}.$

In derselben Weise kann man fortfahren; es ist aber nicht nötig, diese sich stets wiederholenden Rechnungen auszuführen, da hierzu einfache **Vertauschungsprinzipien** in Bezug auf die A_1), B_1), C_1) ausreichen. Vertauscht man nämlich u und v, so bleiben ε_3, f_3 und H_3 ungeändert, während ε_1 in ε_2, f_1 in f_2, H_1 in H_2 übergehen. Bei der Vertauschung von w mit v bleiben ε_1, f_1 und H_1 ungeändert, während f_2 in f_3, ε_2 in ε_3, H_2 in H_3 übergehen. Es ist trotzdem fast bequemer, die Rechnungen direkt in der Art, wie es bei A_1), B_1), C_1) und A_2), B_2), C_2) geschah, zu entnehmen, da die beständigen Vertauschungen lästig sind und zu Schreibfehlern Veranlassung geben. Solche Vertauschungen gebraucht selbstverständlich auch Lamé; aber durch seine Methode der Differentialparameter wurde er veranlaßt, seine fast 80 Seiten erfordernden Formeln zu entwickeln, die in Wirklichkeit kaum 2 Seiten beansprucht hätten. Auf diese Weise entsteht die folgende **Tabelle von 18 Gleichungen**, die hier zusammengestellt ist:

$$\text{I)}\quad \begin{cases} A_1)\ \ x_u\,(x_{uuv} - x_{vuu}) = 0, \\ B_1)\ \ x_v\,(x_{uuv} - x_{vuu}) + x_{vv}\, x_{uu} - (x_{uv})^2 = f_{3,uv} - (\varepsilon_1\, \varepsilon_{1,v})_v - (\varepsilon_2\, \varepsilon_{2,u})_u, \\ C_1)\ \ x_w\,(x_{uuv} - x_{vuu}) + x_{uu}\, x_{vw} - x_{wu}\, x_{vu} = f_{2,uv} - H_{3,u} - (\varepsilon_1\, \varepsilon_{1,w})_v; \end{cases}$$

$$\begin{cases} A_2)\ \ x_u\,(x_{vvu} - x_{uvv}) + x_{vv}\, x_{uu} - (x_{uv})^2 = f_{3,uv} - (\varepsilon_1\, \varepsilon_{1,v})_v - (\varepsilon_2\, \varepsilon_{2,u})_u, \\ B_2)\ \ x_v\,(x_{vvu} - x_{uvv}) = 0, \\ C_2)\ \ x_w\,(x_{vvu} - x_{uvv}) + x_{vv}\, x_{wu} - x_{vw}\, x_{uv} = f_{1,uv} - H_{3,v} - (\varepsilon_2\, \varepsilon_{2,w})_u; \end{cases}$$

$$\begin{cases} A_3)\ \ x_u\,(x_{uuw} - x_{wuu}) = 0, \\ B_3)\ \ x_v\,(x_{uuw} - x_{wuu}) + x_{uu}\, x_{vw} - x_{vu}\, x_{wu} = f_{3,uw} - H_{2,u} - (\varepsilon_1\, \varepsilon_{1,v})_w, \\ C_3)\ \ x_w\,(x_{uuw} - x_{wuu}) + x_{uu}\, x_{ww} - (x_{uw})^2 = f_{2,uw} - (\varepsilon_3\, \varepsilon_{3,u})_u - (\varepsilon_1\, \varepsilon_{1,w})_w; \end{cases}$$

$$\text{I)}\quad \begin{cases} A_4) & x_u\,(x_{wwu}-x_{uww})+x_{uu}\,x_{ww}-(x_{uw})^2=f_{2,wu}-(\varepsilon_3\,\varepsilon_{3,u})_u-(\varepsilon_1\,\varepsilon_{1,w})_w,\\ B_4) & x_v\,(x_{wwu}-x_{uww})+x_{ww}\,x_{uv}-x_{vw}\,x_{uw}=f_{1,wu}-(\varepsilon_3\,\varepsilon_{3,v})_u-H_{2,w},\\ C_4) & x_w\,(x_{wwu}-x_{uww})=0; \end{cases}$$

$$\begin{cases} A_5) & x_u\,(x_{vvw}-x_{wvv})+x_{vv}\,x_{wu}-x_{uv}\,x_{vw}=f_{3,vw}-(\varepsilon_2\,\varepsilon_{2,u})_w-H_{1,v},\\ B_5) & x_v\,(x_{vvw}-x_{wvv})=0,\\ C_5) & x_w\,(x_{vvw}-x_{wvv})+x_{ww}\,x_{vv}-(x_{vw})^2=f_{1,vw}-(\varepsilon_2\,\varepsilon_{2,w})_w-(\varepsilon_3\,\varepsilon_{3,v})_v; \end{cases}$$

$$\begin{cases} A_6) & x_u\,(x_{wwv}-x_{vww})+x_{uv}\,x_{ww}-x_{uw}\,x_{vw}=f_{2,vw}-(\varepsilon_3\,\varepsilon_{3,u})_v-H_{1,w},\\ B_6) & x_v\,(x_{wwv}-x_{vww})+x_{vv}\,x_{ww}-(x_{vw})^2=f_{1,wv}-(\varepsilon_3\,\varepsilon_{3,v})_v-(\varepsilon_2\,\varepsilon_{2,w})_w,\\ C_6) & x_w\,(x_{wwv}-x_{vww})=0. \end{cases}$$

Den Integrabilitätsbedingungen zufolge müssen nun alle diese 18 Gleichungen erfüllt sein, wenn man die ersten links stehenden Glieder fortläßt. Umgekehrt sind dann aber auch die Integrabilitätsbedingungen erfüllt, so lange $\Delta \neq 0$ ist.

Von den 18 Gleichungen scheiden nun sogleich als identisch erfüllt aus

$$A_1),\ B_2);\ A_3),\ C_4);\ B_5),\ C_6).$$

Ferner fallen die Gleichungen B_1) und A_2), C_3) und A_4), C_5) und B_6) zusammen. Auch von den noch übrig bleibenden sechs Bedingungen A_5), C_2); A_6), B_4); C_1), B_3) fallen je zwei zusammen, wie man sofort erkennt.

Es ist z. B.

$$x_{vv}\,x_{uw}-x_{uv}\,x_{vw}=f_{3,vw}-(\varepsilon_2\,\varepsilon_{2,u})_w-H_{1,v}\ \text{nach}\ A_5),$$
$$x_{vv}\,x_{uw}-x_{uv}\,x_{vw}=f_{1,vu}-(\varepsilon_2\,\varepsilon_{2,w})_u-H_{3,v}\ \text{nach}\ C_2).$$

Nach den Gleichungen für die H dieses Paragraphen ist

$$2\,H_{1,v}=f_{3,wv}+f_{2,vv}-f_{1,uv},$$
$$2\,H_{3,v}=f_{1,uv}+f_{2,vv}-f_{3,vw}$$

und daraus folgt

$$H_{1,v}-H_{3,v}=f_{3,vw}-f_{1,uv},$$

so daß A_5) und C_2) nicht verschieden sind. Ebenso ist es in den beiden anderen Fällen. **Damit sind die 18 Gleichungen der ersten Gruppe auf 6 verschiedene reduziert.**

Sie seien in dieser Gestalt hier nochmals kurz zusammengestellt.

A) **Erste Gruppe**
$$x_{vv}\,x_{uu}-(x_{uv})^2=f_{3,uv}-(\varepsilon_1\,\varepsilon_{1,v})_v-(\varepsilon_2\,\varepsilon_{2,u})_u,$$
$$x_{uu}\,x_{ww}-(x_{uw})^2=f_{2,uw}-(\varepsilon_3\,\varepsilon_{3,u})_u-(\varepsilon_1\,\varepsilon_{1,w})_w,$$
$$x_{ww}\,x_{vv}-(x_{vw})^2=f_{1,vw}-(\varepsilon_2\,\varepsilon_{2,w})_w-(\varepsilon_3\,\varepsilon_{3,v})_v.$$

B) **Zweite Gruppe**
$$x_{uu}\,x_{wv}-x_{wu}\,x_{vu}=f_{2,uv}-(\varepsilon_1\,\varepsilon_{1,w})_v-H_{3,u}=f_{3,uw}-(\varepsilon_1\,\varepsilon_{1,v})_w-H_{2,u},$$
$$x_{vv}\,x_{wu}-x_{vw}\,x_{uv}=f_{1,uv}-(\varepsilon_2\,\varepsilon_{2,w})_u-H_{3,v}=f_{3,vw}-(\varepsilon_2\,\varepsilon_{2,w})_u-H_{1,v},$$
$$x_{ww}\,x_{vu}-x_{wv}\,x_{wu}=f_{1,wu}-(\varepsilon_3\,\varepsilon_{3,v})_u-H_{2,w}=f_{2,wv}-(\varepsilon_3\,\varepsilon_{3,u})_v-H_{1,w}.$$

Es ist jetzt **zweitens** zu untersuchen, ob die Forderung der Unabhängigkeit der **dritten** Ableitungen nach den u, v, w von der Reihenfolge derselben, die bisher noch **nicht** ausgedrückt ist, nicht weitere Bedingungen zwischen den ε, f hervorruft. Hierzu dienen die folgenden Betrachtungen.

Man erhält aus

$$x_u\,x_{vw} = H_1,\qquad x_u\,x_{vu} = \varepsilon_1\,\varepsilon_{1,v},$$
$$x_u\,x_{vwu} + x_{uu}\,x_{vw} = H_{1,u},\qquad x_u\,x_{vuw} + x_{uw}\,x_{vu} = (\varepsilon_1\,\varepsilon_{1,v})_w,$$

$A)$ $$x_u\,(x_{vuw} - x_{vwu}) + x_{uw}\,x_{vu} - x_{uu}\,x_{vw} = (\varepsilon_1\,\varepsilon_{1,v})_w - H_{1,u}.$$

Aus $x_v\,x_{vu} = \varepsilon_2\,\varepsilon_{2,u}$, $x_v\,x_{vw} = \varepsilon_2\,\varepsilon_{2,w}$ folgt

$B)$ $$x_v\,(x_{vuw} - x_{vwu}) = 0$$

und aus

$$x_w\,x_{vu} = H_3,\qquad x_w\,x_{vw} = \varepsilon_3\,\varepsilon_{3,v},$$
$$x_{ww}\,x_{vu} + x_w\,x_{vuw} = H_{3,w},\qquad x_w\,x_{vwu} + x_{wu}\,x_{vw} = (\varepsilon_3\,\varepsilon_{3,v})_u,$$

$C)$ $$x_w\,(x_{vuw} - x_{vwu}) + x_{ww}\,x_{vu} - x_{wu}\,x_{vw} = H_{3,w} - (\varepsilon_3\,\varepsilon_{3,v})_u.$$

Ferner hat man aus

$$x_u\,x_{uv} = \varepsilon_1\,\varepsilon_{1,v},\qquad x_u\,x_{uw} = \varepsilon_1\,\varepsilon_{1,w},$$

$A_1)$ $$x_u\,(x_{uvw} - x_{uwv}) = 0;$$

aus

$$x_v\,x_{uv} = \varepsilon_2\,\varepsilon_{2,u},\qquad x_v\,x_{uw} = H_2,$$
$$x_v\,x_{uvw} + x_{vw}\,x_{vu} = (\varepsilon_2\,\varepsilon_{2,u})_w,\qquad x_v\,x_{uwv} + x_{vv}\,x_{uw} = H_{2,v},$$

also

$B_1)$ $$x_v\,(x_{uvw} - x_{uwv}) + x_{vu}\,x_{vw} - x_{vv}\,x_{wu} = (\varepsilon_2\,\varepsilon_{2,w})_u - H_{2,v},$$

und aus

$$x_w\,x_{uv} = H_3,\qquad x_w\,x_{uw} = \varepsilon_3\,\varepsilon_{3,u},$$
$$x_w\,x_{uvw} + x_{ww}\,x_{uv} = H_{3,w},\qquad x_w\,x_{uwv} + x_{wv}\,x_{uw} = (\varepsilon_3\,\varepsilon_{3,u})_v,$$

also

$C_1)$ $$x_w\,(x_{uvw} - x_{uwv}) + x_{ww}\,x_{uv} - x_{wv}\,x_{uw} = H_{3,w} - (\varepsilon_3\,\varepsilon_{3,u})_v;$$

endlich auf dieselbe Weise

$A_2)$ $$x_u\,(x_{wuv} - x_{wvu}) + x_{uv}\,x_{wu} - x_{uu}\,x_{wv} = (\varepsilon_1\,\varepsilon_{1,w})_v - H_{1,u},$$
$B_2)$ $$x_v\,(x_{wvu} - x_{wuv}) + x_{uv}\,x_{wv} - x_{vv}\,x_{wu} = (\varepsilon_2\,\varepsilon_{2,w})_u - H_{2,v},$$
$C_2)$ $$x_w\,(x_{wvu} - x_{wuv}) = 0.$$

Hierdurch sind aber sämtliche Permutationen der u, v, w erschöpft. Unter Ausscheidung von $B)$, $A_1)$, $C_2)$, die identisch erfüllt sind, hat man zusammenfassend

II)
$$\begin{cases} A)\ x_{uu}\,x_{vw} - x_{uw}\,x_{uv} = H_{1,u} - (\varepsilon_1\,\varepsilon_{1,v})_w, \\ A_2)\ x_{uu}\,x_{vw} - x_{uw}\,x_{uv} = H_{1,u} - (\varepsilon_1\,\varepsilon_{1,w})_v, \end{cases}$$
$$\begin{cases} B_2)\ x_{vv}\,x_{wu} - x_{vu}\,x_{wv} = H_{2,v} - (\varepsilon_2\,\varepsilon_{2,w})_u, \\ B_1)\ x_{vv}\,x_{uw} - x_{vu}\,x_{vw} = H_{2,v} - (\varepsilon_2\,\varepsilon_{2,u})_w, \end{cases}$$
$$\begin{cases} C)\ x_{ww}\,x_{uv} - x_{wv}\,x_{uw} = H_{3,w} - (\varepsilon_3\,\varepsilon_{3,v})_u, \\ C_1)\ x_{ww}\,x_{uv} - x_{wv}\,x_{uw} = H_{3,w} - (\varepsilon_3\,\varepsilon_{3,u})_v, \end{cases}$$

von welchen Gleichungen je zwei untereinander stehende identisch sind. Endlich zeigt sich, daß die Bedingungen II) bereits unter den $B)$ (S. 12) enthalten sind. Denn aus

$$x_{ww}\,x_{uv} - x_{uw}\,x_{vw} = f_{2,wv} - (\varepsilon_3\,\varepsilon_{3,u})_v - H_{1,w},$$
$$x_{ww}\,x_{uv} - x_{uw}\,x_{vw} = H_{3,w} - (\varepsilon_3\,\varepsilon_{3,v})_u$$

folgt $H_{1,u} + H_{3,w} = f_{2,wv}$. Dies ist aber nach den Gleichungen

$$2H_1 = f_{3,u} + f_{2,v} - f_{1,u},$$
$$2H_3 = f_{1,u} + f_{2,v} - f_{3,u}$$

eine Identität. Und ebenso ist es in den beiden anderen Fällen, die hier nicht noch einmal geprüft werden sollen.

Hiermit ist nun die Existenz der 6 Fundamentalgleichungen als notwendig und hinreichend erwiesen und man wird sie als eine Folge von der besonderen Zusammensetzung der 6 Koeffizienten anzusehen haben.

Die charakteristischen 6 Bedingungen der ersten und zweiten Gruppe lassen sich jetzt in der folgenden Weise zusammenfassen:

$$\text{I)}\quad \begin{aligned} x_{vv}\,x_{uu} - (x_{vu})^2 &= f_{3,uv} - (\varepsilon_1\,\varepsilon_{1,v})_v - (\varepsilon_2\,\varepsilon_{2,u})_u,\\ x_{uu}\,x_{ww} - (x_{uw})^2 &= f_{2,wu} - (\varepsilon_3\,\varepsilon_{3,u})_u - (\varepsilon_1\,\varepsilon_{1,w})_w,\\ x_{ww}\,x_{vv} - (x_{vw})^2 &= f_{1,vw} - (\varepsilon_2\,\varepsilon_{2,w})_w - (\varepsilon_3\,\varepsilon_{3,v})_v; \end{aligned}$$

$$\text{II)}\quad \begin{aligned} x_{uu}\,x_{vw} - x_{wu}\,x_{uv} &= f_{2,uv} - (\varepsilon_1\,\varepsilon_{1,w})_v - H_{3,u} = f_{3,uw} - (\varepsilon_1\,\varepsilon_{1,v})_w - H_{2,u} = H_{1,u} - (\varepsilon_1\,\varepsilon_{1,v})_w,\\ x_{vv}\,x_{wu} - x_{vw}\,x_{uv} &= f_{1,uv} - (\varepsilon_2\,\varepsilon_{2,w})_u - H_{3,v} = f_{3,vw} - (\varepsilon_2\,\varepsilon_{2,w})_u - H_{1,v} = H_{2,v} - (\varepsilon_2\,\varepsilon_{2,u})_w,\\ x_{ww}\,x_{vu} - x_{vw}\,x_{wu} &= f_{1,wu} - (\varepsilon_3\,\varepsilon_{3,v})_u - H_{2,w} = f_{2,wv} - (\varepsilon_3\,\varepsilon_{3,u})_v - H_{1,w} = H_{3,w} - (\varepsilon_3\,\varepsilon_{3,v})_u, \end{aligned}$$

in denen die letzte Bemerkung zugleich mit berücksichtigt ist.

§ 4.

Die 6 Grundgleichungen.

Es handelt sich jetzt darum, die 6 Bedingungen des § 3 in solche zu verwandeln, die allein zwischen den gegebenen ε, f bestehen müssen. Sie ergeben sich unmittelbar auf dem folgenden Wege.

Setzt man zur Abkürzung

$$a)\quad \Sigma(x_{uu}\,x_{vv} - (x_{uv})^2) = P_3,\quad \Sigma(x_{uu}\,x_{ww} - (x_{uw})^2) = P_2,\quad \Sigma(x_{vv}\,x_{ww} - (x_{vw})^2) = P_1$$

(zur größeren Deutlichkeit sind die Σ hier nicht fortgelassen), ferner

$$\text{A)}\quad \begin{aligned} &f_{3,u} - \varepsilon_1\,\varepsilon_{1,v} = p_2, && f_{2,u} - \varepsilon_1\,\varepsilon_{1,w} = p_3, && p_2 = \Sigma x_v\,x_{uu}, && p_3 = \Sigma x_w\,x_{uu},\\ &f_{3,v} - \varepsilon_2\,\varepsilon_{2,u} = q_1, && f_{1,v} - \varepsilon_2\,\varepsilon_{2,w} = q_3, && q_1 = \Sigma x_u\,x_{vv}, && q_3 = \Sigma x_w\,x_{vv},\\ &f_{2,w} - \varepsilon_3\,\varepsilon_{3,u} = r_1, && f_{1,w} - \varepsilon_3\,\varepsilon_{3,v} = r_2, && r_1 = \Sigma x_u\,x_{ww}, && r_2 = \Sigma x_v\,x_{ww}, \end{aligned}$$

so wird

$$a)\quad \begin{vmatrix} x_{uu}\\ x_u\\ x_v \end{vmatrix} \begin{vmatrix} x_{vv}\\ x_u\\ x_v \end{vmatrix} - \begin{vmatrix} x_{uv}\\ x_u\\ x_v \end{vmatrix}^2 = P_3(\varepsilon_1^2\,\varepsilon_2^2 - f_3^2) + \begin{vmatrix} 0 & \varepsilon_1\,\varepsilon_{1,u} & p_2\\ q_1 & \varepsilon_1^2 & f_3\\ \varepsilon_2\,\varepsilon_{2,v} & f_3 & \varepsilon_2^2 \end{vmatrix} - \begin{vmatrix} 0 & \varepsilon_1\,\varepsilon_{1,v} & \varepsilon_2\,\varepsilon_{2,u}\\ \varepsilon_1\,\varepsilon_{1,v} & \varepsilon_1^2 & f_3\\ \varepsilon_2\,\varepsilon_{2,u} & f_3 & \varepsilon_2^2 \end{vmatrix}.$$

Die linke Seite von a) ist aber identisch mit

$$\frac{1}{\Delta^2}\left\{ \begin{vmatrix} x_{uu}\\ x_u\\ x_v \end{vmatrix} \begin{vmatrix} x_u\\ x_v\\ x_w \end{vmatrix} \begin{vmatrix} x_{vv}\\ x_u\\ x_v \end{vmatrix} \begin{vmatrix} x_u\\ x_v\\ x_w \end{vmatrix} - \left(\begin{vmatrix} x_{uv}\\ x_u\\ x_v \end{vmatrix} \begin{vmatrix} x_u\\ x_v\\ x_w \end{vmatrix} \right)^2 \right\}$$

und liefert nach Ausführung der Multiplikation der Determinanten

$$\text{b)}\qquad \frac{1}{\Delta^2}\left\{\begin{vmatrix} \varepsilon_1\,\varepsilon_{1,u} & p_2 & p_3 \\ \varepsilon_1^2 & f_3 & f_2 \\ f_3 & \varepsilon_3^2 & f_1 \end{vmatrix}\begin{vmatrix} q_1 & \varepsilon_2\,\varepsilon_{2,v} & q_3 \\ \cdot & \cdot & \cdot \\ \cdot & \cdot & \cdot \end{vmatrix} - \begin{vmatrix} \varepsilon_1\,\varepsilon_{1,v} & \varepsilon_2\,\varepsilon_{2,u} & H_3 \\ \cdot & \cdot & \cdot \\ \cdot & \cdot & \cdot \end{vmatrix}^2\right\}.$$

Die Punkte in den beiden letzten Determinanten bedeuten, daß jedesmal dieselben Elemente in den beiden letzten Reihen einzusetzen sind, wie in der ersten Determinante; dies ist auch für die folgenden Gleichungen festzuhalten.

Man erhält also die Identität

$$\text{I)}\qquad \Delta^2\left\{P_3(\varepsilon_1^2\,\varepsilon_2^2 - f_3^2) + \begin{vmatrix} 0 & \varepsilon_1\,\varepsilon_{1,u} & p_2 \\ q_1 & \varepsilon_1^2 & f_3 \\ \varepsilon_2\,\varepsilon_{2,v} & f_3 & \varepsilon_2^2 \end{vmatrix} - \begin{vmatrix} 0 & \varepsilon_1\,\varepsilon_{1,v} & \varepsilon_2\,\varepsilon_{2,u} \\ \varepsilon_1\,\varepsilon_{1,v} & \varepsilon_1^2 & f_3 \\ \varepsilon_2\,\varepsilon_{2,u} & f_3 & \varepsilon_2^2 \end{vmatrix}\right\}$$

$$= \begin{vmatrix} \varepsilon_1\,\varepsilon_{1,u} & p_2 & p_3 \\ \varepsilon_1^2 & f_3 & f_2 \\ f_3 & \varepsilon_2^2 & f_1 \end{vmatrix}\begin{vmatrix} q_1 & \varepsilon_2\,\varepsilon_{2,v} & q_3 \\ \cdot & \cdot & \cdot \\ \cdot & \cdot & \cdot \end{vmatrix} - \begin{vmatrix} \varepsilon_1\,\varepsilon_{1,v} & \varepsilon_2\,\varepsilon_{2,u} & H_3 \\ \cdot & \cdot & \cdot \\ \cdot & \cdot & \cdot \end{vmatrix}^2.$$

Ersetzt man in I) die P_3, p_2, p_3, q_1, q_3 durch ihre in § 3 gegebenen Werte, so erhält man eine Gleichung zwischen den Differentialquotienten der ε, f, welche keine Identität sein kann, da links die zweite Ableitung von f_3 auftritt, während rechts nur erste Ableitungen der ε, f auftreten.

Auf demselben Wege findet man

$$\text{II)}\qquad \Delta^2\left\{P_2(\varepsilon_1^2\,\varepsilon_3^2 - f_2^2) + \begin{vmatrix} 0 & \varepsilon_1\,\varepsilon_{1,u} & p_3 \\ r_1 & \varepsilon_1^2 & f_2 \\ \varepsilon_3\,\varepsilon_{3,w} & f_2 & \varepsilon_3^2 \end{vmatrix} - \begin{vmatrix} 0 & \varepsilon_1\,\varepsilon_{1,w} & \varepsilon_3\,\varepsilon_{3,u} \\ \varepsilon_1\,\varepsilon_{1,w} & \varepsilon_1^2 & f_2 \\ \varepsilon_3\,\varepsilon_{3,u} & f_2 & \varepsilon_3^2 \end{vmatrix}\right\}$$

$$= \begin{vmatrix} \varepsilon_1\,\varepsilon_{1,u} & p_3 & p_2 \\ \varepsilon_1^2 & f_2 & f_3 \\ f_2 & \varepsilon_3^2 & f_1 \end{vmatrix}\begin{vmatrix} r_1 & \varepsilon_3\,\varepsilon_{3,w} & r_2 \\ \cdot & \cdot & \cdot \\ \cdot & \cdot & \cdot \end{vmatrix} - \begin{vmatrix} \varepsilon_1\,\varepsilon_{1,w} & \varepsilon_3\,\varepsilon_{3,u} & H_2 \\ \cdot & \cdot & \cdot \\ \cdot & \cdot & \cdot \end{vmatrix}^2;$$

$$\text{III)}\qquad \Delta^2\left\{P_1(\varepsilon_2^2\,\varepsilon_3^2 - f_1^2) + \begin{vmatrix} 0 & \varepsilon_2\,\varepsilon_{2,v} & q_3 \\ r_2 & \varepsilon_2^2 & f_1 \\ \varepsilon_3\,\varepsilon_{3,w} & f_1 & \varepsilon_3^2 \end{vmatrix} - \begin{vmatrix} 0 & \varepsilon_2\,\varepsilon_{2,w} & \varepsilon_3\,\varepsilon_{3,v} \\ \varepsilon_2\,\varepsilon_{2,w} & \varepsilon_2^2 & f_1 \\ \varepsilon_3\,\varepsilon_{3,v} & f_1 & \varepsilon_3^2 \end{vmatrix}\right\}$$

$$= \begin{vmatrix} \varepsilon_2\,\varepsilon_{2,v} & q_3 & q_1 \\ \varepsilon_2^2 & f_1 & f_3 \\ f_1 & \varepsilon_3^2 & f_2 \end{vmatrix}\begin{vmatrix} r_2 & \varepsilon_3\,\varepsilon_{3,w} & r_1 \\ \cdot & \cdot & \cdot \\ \cdot & \cdot & \cdot \end{vmatrix} - \begin{vmatrix} \varepsilon_2\,\varepsilon_{2,w} & \varepsilon_3\,\varepsilon_{3,v} & H_1 \\ \cdot & \cdot & \cdot \\ \cdot & \cdot & \cdot \end{vmatrix}^2.$$

Dies ist die erste Gruppe der Grundgleichungen für die ε, f. Auf der rechten Seite stehen dabei immer Ausdrücke, die den Krümmungsmaßen der Flächen (uv), (uw), (vw) proportional sind.

In derselben Art ergibt sich die zweite Gruppe der Grundgleichungen, falls zur Abkürzung

$$\beta)\qquad \begin{aligned} Q_1 &= x_{uu}\,x_{vw} - x_{uv}\,x_{uw}, \\ Q_2 &= x_{vv}\,x_{uw} - x_{uv}\,x_{vw}, \\ Q_3 &= x_{ww}\,x_{uv} - x_{uw}\,x_{vw} \end{aligned}$$

gesetzt wird, in der Gestalt

$$\text{I}')\qquad \Delta^2\left\{Q_1(\varepsilon_2^2\varepsilon_3^2-f_1^2)+\begin{vmatrix}0 & p_2 & p_3\\ \varepsilon_2\varepsilon_{2,w} & \varepsilon_2^2 & f_1\\ \varepsilon_3\varepsilon_{3,v} & f_1 & \varepsilon_3^2\end{vmatrix}-\begin{vmatrix}0 & \varepsilon_2\varepsilon_{2,u} & H_3\\ H_2 & \varepsilon_2^2 & f_1\\ \varepsilon_3\varepsilon_{3,u} & f_1 & \varepsilon_3^2\end{vmatrix}\right\}$$

$$=\begin{vmatrix}\varepsilon_1\varepsilon_{1,u} & p_2 & p_3\\ f_3 & \varepsilon_2^2 & f_1\\ f_2 & f_1 & \varepsilon_3^2\end{vmatrix}\begin{vmatrix}H_1 & \varepsilon_2\varepsilon_{2,w} & \varepsilon_3\varepsilon_{3,v}\\ \cdot & \cdot & \cdot\\ \cdot & \cdot & \cdot\end{vmatrix}-\begin{vmatrix}\varepsilon_1\varepsilon_{1,v} & \varepsilon_2\varepsilon_{2,u} & H_3\\ \cdot & \cdot & \cdot\\ \cdot & \cdot & \cdot\end{vmatrix}\begin{vmatrix}\varepsilon_1\varepsilon_{1,w} & H_2 & \varepsilon_3\varepsilon_{3,u}\\ \cdot & \cdot & \cdot\\ \cdot & \cdot & \cdot\end{vmatrix}\,{}^{1)},$$

$$\text{II}')\qquad \Delta^2\left\{Q_2(\varepsilon_1^2\varepsilon_3^2-f_2^2)=\begin{vmatrix}0 & q_1 & q_3\\ \varepsilon_1\varepsilon_{1,w} & \varepsilon_1^2 & f_2\\ \varepsilon_3\varepsilon_{3,u} & f_2 & \varepsilon_3^2\end{vmatrix}-\begin{vmatrix}0 & \varepsilon_1\varepsilon_{1,v} & H_3\\ H_1 & \varepsilon_1^2 & f_2\\ \varepsilon_3\varepsilon_{3,v} & f_2 & \varepsilon_3^2\end{vmatrix}\right\}$$

$$=\begin{vmatrix}\varepsilon_2\varepsilon_{2,v} & q_1 & q_3\\ f_3 & \varepsilon_1^2 & f_2\\ f_1 & f_2 & \varepsilon_3^2\end{vmatrix}\begin{vmatrix}H_2 & \varepsilon_1\varepsilon_{1,w} & \varepsilon_3\varepsilon_{3,u}\\ \cdot & \cdot & \cdot\\ \cdot & \cdot & \cdot\end{vmatrix}-\begin{vmatrix}\varepsilon_2\varepsilon_{2,u} & \varepsilon_1\varepsilon_{1,v} & H_3\\ \cdot & \cdot & \cdot\\ \cdot & \cdot & \cdot\end{vmatrix}\begin{vmatrix}\varepsilon_2\varepsilon_{2,w} & H_1 & \varepsilon_3\varepsilon_{3,v}\\ \cdot & \cdot & \cdot\\ \cdot & \cdot & \cdot\end{vmatrix},$$

$$\text{III}')\qquad \Delta^2\left\{Q_3(\varepsilon_1^2\varepsilon_2^2-f_3^2)+\begin{vmatrix}0 & r_1 & r_2\\ \varepsilon_1\varepsilon_{1,v} & \varepsilon_1^2 & f_3\\ \varepsilon_2\varepsilon_{2,u} & f_3 & \varepsilon_2^2\end{vmatrix}-\begin{vmatrix}0 & \varepsilon_1\varepsilon_{1,w} & H_2\\ H_1 & \varepsilon_1^2 & f_3\\ \varepsilon_2\varepsilon_{2,w} & f_3 & \varepsilon_2^2\end{vmatrix}\right\}$$

$$=\begin{vmatrix}\varepsilon_3\varepsilon_{3,w} & r_1 & r_2\\ f_2 & \varepsilon_1^2 & f_3\\ f_1 & f_3 & \varepsilon_2^2\end{vmatrix}\begin{vmatrix}H_3 & \varepsilon_1\varepsilon_{1,v} & \varepsilon_2\varepsilon_{2,u}\\ \cdot & \cdot & \cdot\\ \cdot & \cdot & \cdot\end{vmatrix}-\begin{vmatrix}\varepsilon_3\varepsilon_{3,u} & \varepsilon_1\varepsilon_{1,w} & H_3\\ \cdot & \cdot & \cdot\\ \cdot & \cdot & \cdot\end{vmatrix}\begin{vmatrix}\varepsilon_3\varepsilon_{3,v} & H_1 & \varepsilon_2\varepsilon_{2,w}\\ \cdot & \cdot & \cdot\\ \cdot & \cdot & \cdot\end{vmatrix}.$$

Diese Differentialgleichungen für die ε, f allein sind viel zu verwickelt, um eine allgemeine Behandlung zu ermöglichen.[2]) Es bleibt daher nur übrig, vorauszusetzen, daß man etwa auf irgend eine Weise in jedem speziellen Falle analytische Funktionen der u, v, w bestimmt habe, durch die sie befriedigt werden. Daß die 6 Gleichungen unendlich viele Lösungen besitzen, ist selbstverständlich; man kann ja die x, y, z als Funktionen der u, v, w willkürlich annehmen und dann umgekehrt die zugehörigen Werte der ε, f ermitteln, die Gleichungen müssen dann identisch befriedigt sein. Die Aufgabe ist hier aber, die Bedingungen aufzustellen, unter denen zu einem gegebenen ds^2 ein dreifaches System gehören kann.

---

[1]) Die Formeln I'), II'), III') lassen sich ebenso wie die I), II), III) in verschiedener Weise entwickeln. Sie sind hier so gebildet, daß z. B. bei I') $\begin{vmatrix}x_{uu}\\ x_v\\ x_w\end{vmatrix}\begin{vmatrix}x_{vw}\\ x_v\\ x_w\end{vmatrix}-\begin{vmatrix}x_{uv}\\ x_v\\ x_w\end{vmatrix}\begin{vmatrix}x_{uw}\\ x_v\\ x_w\end{vmatrix}$ genommen wird, dann die u, v, schließlich die v, w vertauscht werden. Ähnlich wird man bei I) von $\begin{vmatrix}x_{uu}\\ x_u\\ x_v\end{vmatrix}\begin{vmatrix}x_{vv}\\ x_u\\ x_v\end{vmatrix}-\begin{vmatrix}x_{uv}\\ x_u\\ x_v\end{vmatrix}^2$ ausgehen und entsprechend vertauschen.

[2]) Für den Fall von Lamé, wo alle $f=0$ sind, erhält man aus den Gleichungen der zweiten Gruppe z. B. die folgende

$$\varepsilon_{1,vw}=\frac{\varepsilon_{2,w}}{\varepsilon_2}\varepsilon_{1,v}+\frac{\varepsilon_{3,v}}{\varepsilon_3}\varepsilon_{1,w}$$

§ 5.

Bestimmung dreifacher Systeme.

Es handelt sich jetzt um die Frage, wie man vermöge der Gleichungen des § 4 aus den Werten der ε, f die zugehörigen Flächensysteme, d. h. die x, y, z als Funktionen der u, v, w finden kann.

Dazu mögen einige allgemeine Formeln zur Berechnung der zweiten Ableitungen der x, y, z nach den u, v, w vorausgeschickt werden. Man kann sie allerdings aus den Gleichungen a_1), a_2), a_3) des § 3 entnehmen, zu denen noch die für $\Sigma x_u x_{uv}$, $\Sigma x_v x_{uv}$ ... usw. hinzu zu nehmen sind. Aber dabei ergeben sich unübersichtliche quadratische Ausdrücke in den ersten Ableitungen der x, y, z. Man kann dies durch die folgende Betrachtung vermeiden. Setzt man zur Abkürzung die rechten Seiten der a_1), a_2), a_3) gleich p_1, p_2, p_3; q_1, q_2, q_3; r_1, r_2, r_3, so hat man aus

1)
$$\begin{aligned} x_u x_{uu} + y_u y_{uu} + z_u z_{uu} &= p_1, \\ x_v x_{uu} + y_v y_{uu} + z_v z_{uu} &= p_2, \\ x_w x_{uu} + y_w y_{uu} + z_w z_{uu} &= p_3, \\ \alpha x_{uu} + \beta y_{uu} + \gamma z_{uu} &= S_1, \end{aligned}$$

wobei die α, β, γ willkürliche Zahlen sind, durch Multiplikation der verschwindenden Determinante dieser vier Gleichungen mit der Determinante Δ, welche durch Zufügung einer letzten Reihe 0, 0, 0, 1 zu einer vierreihigen gemacht ist,

$$\begin{vmatrix} \varepsilon_1^2 & f_3 & f_2 & p_1 \\ f_3 & \varepsilon_2^2 & f_1 & p_2 \\ f_2 & f_1 & \varepsilon_3^2 & p_3 \\ \Sigma x_u \alpha & \Sigma x_v \alpha & \Sigma x_w \alpha & S_1 \end{vmatrix} = 0,$$

wobei $\Sigma x_u \alpha = x_u \alpha + y_u \beta + z_u \gamma$, usw.

Je nachdem man nun $\alpha = 1$, $\beta = \gamma = 0$; $\alpha = \gamma = 0$, $\beta = 1$ etc. setzt, erhält man

2)
$$x_{uu} \Delta^2 + \begin{vmatrix} \varepsilon_1^2 & f_3 & f_2 & p_1 \\ f_3 & \varepsilon_2^2 & f_1 & p_2 \\ f_2 & f_1 & \varepsilon_3^2 & p_3 \\ x_u & x_v & x_w & 0 \end{vmatrix} = 0$$

und diese Gleichung gilt auch für y, z, wenn man die letzte Reihe in y_u, y_v, y_w; z_u, z_v, z_w verwandelt. Um die entsprechenden Formeln für x_{vv}, x_{ww} ... zu erhalten, hat man nur die letzte Kolonne in 2) durch q_1, q_2, q_3; r_1, r_2, r_3 zu ersetzen.

---

die für $\varepsilon_1 = H_1$, $\varepsilon_2 = H_2$, $\varepsilon_3 = H_3$ in die Gleichung von Lamé (S. 76 l. c.)

$$\frac{\partial^2 H_1}{\partial \varrho_2 \, \partial \varrho_3} = \frac{\partial H_2}{\partial \varrho_3} \frac{1}{H_2} \frac{\partial H_1}{\partial \varrho_2} + \frac{1}{H_3} \frac{\partial H_3}{\partial \varrho_2} \frac{\partial H_1}{\partial \varrho_3}$$

und auf demselben Wege aus der ersten Gruppe auch die entsprechende Gleichung von Lamé.

$$\frac{1}{H_2} \frac{\partial H_3}{\partial \varrho_2} \frac{\partial H_1}{\partial \varrho_2} + \frac{\partial}{\partial \varrho_3} \left(\frac{1}{H_3} \frac{\partial H_1}{\partial \varrho_3} \right) + \frac{\partial}{\partial \varrho_1} \left(\frac{1}{H_1} \frac{\partial H_3}{\partial \varrho_1} \right) = 0,$$

welche vollständig zu wiederholen hier wohl überflüssig war. Hier sind sie durch ganz elementare Determinantenrelationen abgeleitet.

Zieht man noch die Gleichungen[1])

$$\Sigma x_u x_{vw} = H_1 = P_1,$$
$$\Sigma x_v x_{vw} = \varepsilon_2 \varepsilon_{2,w} = P_2,$$
$$\Sigma x_w x_{vw} = \varepsilon_3 \varepsilon_{3,v} = P_3$$

und die entsprechenden für Q_1, Q_2, Q_3; R_1, R_2, R_3 hinzu, so hat man

3) $$x_{vw} \Delta^2 + \begin{vmatrix} \varepsilon_1^2 & f_3 & f_2 & P_1 \\ f_3 & \varepsilon_2^2 & f_1 & P_2 \\ f_2 & f_1 & \varepsilon_3^2 & P_3 \\ x_u & x_v & x_w & 0 \end{vmatrix} = 0$$

und diese Gleichungen 3) gelten auch für y, z bei entsprechender Vertauschung der v, w mit u, w . . .

Man kann die Formeln 2), 3) und ihre analog gebildeten durch die kürzere Darstellung ersetzen:

I) $$x_{uu} \Delta^2 + \begin{pmatrix} p_1 & p_2 & p_3 \\ x_u & x_v & x_w \end{pmatrix} = 0, \quad x_{vv} \Delta^2 + \begin{pmatrix} q_1 & q_2 & q_3 \\ x_u & x_v & x_w \end{pmatrix} = 0, \quad x_{ww} \Delta^2 + \begin{pmatrix} r_1 & r_2 & r_3 \\ x_u & x_v & x_w \end{pmatrix} = 0,$$
$$x_{wv} \Delta^2 + \begin{pmatrix} P_1 & P_2 & P_3 \\ x_u & x_v & x_w \end{pmatrix} = 0, \quad x_{uw} \Delta^2 + \begin{pmatrix} Q_1 & Q_2 & Q_3 \\ x_u & x_v & x_w \end{pmatrix} = 0, \quad x_{uv} \Delta^2 + \begin{pmatrix} R_1 & R_2 & R_3 \\ x_u & x_v & x_w \end{pmatrix} = 0,$$

da der Kern der vierreihigen Determinanten beständig derselbe bleibt, und die Gleichungen I) gelten dann unverändert auch für y und z.

Sind nun, wie schon früher vorausgesetzt werden mußte, für die ε, f analytische Funktionen der u, v, w ermittelt, so kann man aus I) die Ableitungen bis zu einer beliebigen Ordnung und zwar als unabhängig von der Reihenfolge in Bezug auf die u, v, w durch lineare Ausdrücke in den ersten Ableitungen der x, y, z erhalten. Diese letzteren sind aber für eine willkürliche Stelle P_0 des Raumes, wo $\Delta \neq 0$, durch die Gleichungen

4) $$\varepsilon_1^2 = \Sigma x_u x_u, \quad \varepsilon_2^2 = \Sigma x_v x_v, \quad \varepsilon_3^2 = \Sigma x_w x_w,$$
$$f_3 = \Sigma x_u x_v, \quad f_2 = \Sigma x_u x_w, \quad f_1 = \Sigma x_v x_w$$

für u_0, v_0, w_0 bis auf eine orthogonale Transformation, die ganz unwesentlich ist, da ds^2 dabei ungeändert bleibt, gegeben. Man kann also alle Ableitungen für P_0 bis zur Ordnung n angeben und so Taylorsche Entwicklungen bis zu dem entsprechenden Restgliede für die Zuwachse $u + u_0$, $v + v_0$, $w + w_0$ aufstellen. Sind die $|u|$, $|v|$, $|w|$ hinreichend klein, so erhält man eine approximative Teilung des Raumes durch ein dreifaches System, das bis zu einem vorgeschriebenen Grade der gesuchten Teilung sich annähert. Um zu beweisen, daß bei fortgesetzter Entwicklung die letztere entsteht, müßte aber die Konvergenz der Taylor-Entwicklung bei wachsendem n bewiesen werden. Dies ist mir nicht gelungen, da die beständig wachsende Komplikation der Rechnung, bei der nicht nur die x_u, y_u, z_u, . . ., sondern auch der Kern der Determinanten bei I)

[1]) Diese P_1, P_2, P_3 sind nicht mit den in § 4 eingeführten P_1, P_2, P_3 zu verwechseln; sie sind nur Abkürzungen für die links stehenden Werte, die für den Augenblick gelten sollen.

zu behandeln ist, die üblichen Hilfsmittel der Majorantenbildung mit Erfolg nicht zur Anwendung bringen läßt.

Man kann mit Hilfe der natürlichen Gleichungen der Schnittkurven des Systems, d. h. der Bestimmung ihrer Krümmungs- und Torsionsradien als Funktionen der u, v, w mittels der aus D zu bestimmenden Produkte der zweiten Ableitungen die Riccatischen Differentialgleichungen aufstellen, durch deren Lösung sich die Koordinaten x, y, z für das System der drei durch einen willkürlichen Punkt P des Gebietes gehender Schnittkurven in Funktion der u, v, w und so das ganze System sich ergeben.

Sind die ε, f analytische Funktionen der u, v, w, die den 6 Grundgleichungen genügen, so erhält man nach den Formeln I)

$$\text{5)}\qquad \begin{aligned} \Delta^2 \Sigma (x_{uu})^2 + \begin{pmatrix} p_1 & p_2 & p_3 \\ p_1 & p_2 & p_3 \end{pmatrix} &= 0, \\ \Delta^2 \Sigma (x_{vv})^2 + \begin{pmatrix} q_1 & q_2 & q_3 \\ q_1 & q_2 & q_3 \end{pmatrix} &= 0, \\ \Delta^2 \Sigma (x_{ww})^2 + \begin{pmatrix} r_1 & r_2 & r_3 \\ r_1 & r_2 & r_3 \end{pmatrix} &= 0, \end{aligned}$$

denen man ebenso auch die analogen für $\Delta^2 \Sigma x_{uu} x_{uw}$, $\Delta^2 \Sigma x_{uu} x_{vw}$, ... hinzufügen kann. Aus ihnen findet man den Krümmungs- und Torsionsradius ϱ, T der Schnittkurven durch die bekannten Formeln

$$\text{a)}\quad \frac{1}{\varrho_1^2} = \Sigma \frac{((x_{uu})^2 - (\varepsilon_{1,u})^2)}{\varepsilon_1^4}, \qquad \text{b)}\quad \frac{1}{T_1} = -\frac{\varrho_1^2}{\varepsilon_1^6} \begin{vmatrix} x_{uuu} \\ x_{uu} \\ x_u \end{vmatrix},$$

die hier nur in Bezug auf die Kurve u angegeben sind.

Der Ausdruck a) folgt unmittelbar aus § 2, 1. Multipliziert man b) mit Δ, so folgt

$$\frac{\Delta}{T_1} = -\frac{\varrho_1^2}{\varepsilon_1^6} \begin{vmatrix} \Sigma x_u x_{uuu}, & x_v x_{uuu}, & x_w x_{uuu} \\ \varepsilon_1 \varepsilon_{1,u} & \Sigma x_v x_{uu} & \Sigma x_w x_{uu} \\ \varepsilon_1^2 & f_3 & f_2 \end{vmatrix};$$

zugleich ist aber

$$\begin{aligned} \Sigma x_u x_{uuu} &= (\varepsilon_1 \varepsilon_{1,u})_u - \Sigma (x_{uu})^2, \\ \Sigma x_v x_{uuu} &= (f_{3,u} - \varepsilon_1 \varepsilon_{1,v})_u - \Sigma x_{vu} x_{uu}, \\ \Sigma x_w x_{uuu} &= (f_{2,u} - \varepsilon_1 \varepsilon_{1,w})_u - \Sigma x_{wu} x_{uu} \end{aligned}$$

und ebenso kann man die übrigen Krümmungswerte ϱ_2, T_2; ϱ_3, T_3 erhalten.

Geht man nun von einem willkürlichen Punkte P_0 aus, für den u_0, v_0, w_0 die Werte der u, v, w sind, während die Anfangswerte der x_u, y_u, z_u für den Index 0 den Gleichungen für die ε, f mit demselben Index genügen, aber Δ_0 nicht Null ist, so kann man bei unverändertem v_0, w_0 vermöge einer Riccatischen Gleichung die Koordinaten x, y, z der von P_0 ausgehenden Kurve u des Systems bis zu einem Punkte P_1 fortsetzen, von demselben bei ungeändertem u dann durch Änderung des v bis zu einem Punkte P_2, endlich durch Änderung von w auf dieselbe Weise bis zu einem beliebigen Punkte P_3 des Gebietes fortschreiten, vorausgesetzt, daß keine Stelle $\Delta = 0$ dabei überschritten wird, was bei hinreichend kleiner Ausdehnung stattfindet. Hieraus aber lassen sich nun die drei durch P_3 gehenden Kurven des Systems bestimmen mit Hilfe des Linienzuges $P_0 P_1$, $P_1 P_2$, $P_2 P_3$.

Diese Lösung ist allerdings sehr weitläufig, da sie die Lösung mehrerer (im ganzen 5) **Riccatischer Gleichungen** verlangt.

Eine einfachere Lösung erhält man durch direkte Betrachtung der Gleichungen 4) für die x, y, z. Dividiert man die Σx_u^2, Σx_v^2, Σx_w^2 durch die ε_1^2, ε_2^2, ε_3^2, so erhält man durch die Substitution

$$6)\qquad \begin{aligned} x_u &= \xi_1 \varepsilon_1, & y_u &= \eta_1 \varepsilon_1, & z_u &= \zeta_1 \varepsilon_1,\\ x_v &= \xi_2 \varepsilon_2, & y_v &= \eta_2 \varepsilon_2, & z_v &= \zeta_2 \varepsilon_2,\\ x_w &= \xi_3 \varepsilon_3, & y_w &= \eta_3 \varepsilon_3, & z_w &= \zeta_3 \varepsilon_3; \end{aligned}$$

$$7)\qquad \begin{aligned} &1)\ \xi_1^2 + \eta_1^2 + \zeta_1^2 = 1; && 4)\ \xi_1\xi_2 + \eta_1\eta_2 + \zeta_1\zeta_2 = a_3,\\ &2)\ \xi_2^2 + \eta_2^2 + \zeta_2^2 = 1; && 5)\ \xi_1\xi_3 + \eta_1\eta_3 + \zeta_1\zeta_3 = a_2,\\ &3)\ \xi_3^2 + \eta_3^2 + \zeta_3^2 = 1; && 6)\ \xi_2\xi_3 + \eta_2\eta_3 + \zeta_2\zeta_3 = a_1. \end{aligned}$$

Bei der Beschränkung auf **reelle Zahlen** sind die a_3, a_2, a_1 die cosinus der Winkel zwischen den Schnittkurven, und die Determinante

$$\Delta_1 = \begin{vmatrix} \xi_1 & \eta_1 & \zeta_1\\ \xi_2 & \eta_2 & \zeta_2\\ \xi_3 & \eta_3 & \zeta_3 \end{vmatrix},$$

die nur um einen Faktor von Δ verschieden ist, ist nicht Null; zugleich ist

$$\Delta_1^2 = \begin{vmatrix} 1 & a_3 & a_2\\ a_3 & 1 & a_1\\ a_2 & a_1 & 1 \end{vmatrix}$$

eine reelle positive Zahl.

Aus den Gleichungen 7) 1, 4, 5 hat man jetzt

$$8)\qquad \xi_1\Delta_1 = \begin{vmatrix} 1 & \eta_1 & \zeta_1\\ a_3 & \eta_2 & \zeta_2\\ a_2 & \eta_3 & \zeta_3 \end{vmatrix}, \quad \eta_1\Delta_1 = -\begin{vmatrix} 1 & \xi_1 & \zeta_1\\ a_3 & \xi_2 & \zeta_2\\ a_2 & \xi_3 & \zeta_3 \end{vmatrix}, \quad \zeta_1\Delta_1 = \begin{vmatrix} 1 & \xi_1 & \eta_1\\ a_3 & \xi_2 & \eta_2\\ a_2 & \xi_3 & \eta_3 \end{vmatrix}$$

und diese Gleichungen befriedigen die genannten Gleichungen 7).

Hieraus folgt:

$$9)\qquad \begin{aligned} \xi_1\Delta_1 + \eta_1 p - \zeta_1 q &= A,\\ -\xi_1 p + \eta_1\Delta_1 + \zeta_1 r &= B,\\ \xi_1 q - \eta_1 r + \zeta_1\Delta_1 &= C, \end{aligned}$$

wenn man

$$\begin{aligned} p &= a_3\zeta_3 - a_2\zeta_2, & A &= \eta_2\zeta_3 - \eta_3\zeta_2,\\ q &= a_3\eta_3 - a_2\eta_2, & B &= \zeta_2\xi_3 - \zeta_3\xi_2,\\ r &= a_3\zeta_3 - a_2\zeta_2, & C &= \xi_2\eta_3 - \xi_3\eta_2 \end{aligned}$$

zur Abkürzung setzt. Die schiefe Determinante der Gleichungen 9) zur Bestimmung der ξ_1, η_1, ζ_1 ist gleich $\Delta_1(\Delta_1^2 + p^2 + q^2 + r^2)$, verschwindet also unter den gegebenen Voraussetzungen nicht, so daß die ξ_1, η_1, ζ_1 durch die Irrationalität Δ_1 ausgedrückt sind.

Es sind jetzt noch die Gleichungen 7) 2, 3, 6 oder

$$\begin{aligned} \xi_2\xi_3 + \eta_2\eta_3 + \zeta_2\zeta_3 &= a_1, \\ \xi_2^2 + \eta_2^2 + \zeta_2^2 &= 1, \\ \zeta_3^2 + \eta_3^2 + \zeta_3^2 &= 1 \end{aligned}$$

zu befriedigen. Betrachtet man $\xi_2, \eta_2, \zeta_2; \xi_3, \eta_3, \zeta_3$ als Koordinaten einer Kugelfläche vom Radius Eins, so daß die ξ, η, ζ cosinus von Winkeln sind, so handelt es sich um zwei Punkte auf dieser Kugelfläche, deren Abstand gleich $\sqrt{2(1-a_1)}$ ist, und damit ist jede Lösung aus einem passend gewählten System jener Punkte durch orthogonale Substitution gegeben. Es folgen endlich nach 6) durch Integration die Werte der x, y, z aus den Quadraturen

$$\begin{aligned} x &= \int \xi_1 \varepsilon_1 du + \int \xi_2 \varepsilon_2 dv + \int \xi_3 \varepsilon_3 dw, \\ y &= \int \eta_1 \varepsilon_1 du + \int \eta_2 \varepsilon_2 dv + \int \eta_3 \varepsilon_3 dw, \\ z &= \int \zeta_1 \varepsilon_1 du + \int \zeta_2 \varepsilon_2 dv + \int \zeta_3 \varepsilon_3 dw \end{aligned}$$

und damit ist die Aufgabe gelöst, sobald eine reelle analytische Lösung der 6 Grundgleichungen ermittelt ist[1]).

Endlich darf hier noch bemerkt werden, daß die elementaren Methoden, durch die die Theorie der dreifachen Systeme begründet wurde, sich auch auf n-fache Systeme mit dem Längenelement

$$ds^2 = \Sigma \varepsilon_i^2 du_i^2 + 2\Sigma f_{ik} du_i du_k, \qquad i = 1, 2, \ldots, n$$

in ganz analoger Weise erweitern läßt. An Stelle der Determinante $\Delta \neq 0$ tritt dann eine n-reihige $\Delta \neq 0$, die Zahl der Integrabilitätsbedingungen, die leicht angebbar ist, wird aber weit größer, und gibt zu ganz ähnlichen Formeln Veranlassung. Doch ist hier nicht der Ort, darauf weiter einzugehen, um so mehr, als bei der Durchführung noch manche andere Betrachtungen nötig werden.

§ 6.

Spezielle dreifache Systeme.

Unter besonderen Voraussetzungen für die ε, f läßt sich die Zahl der Grundgleichungen vereinfachen. Ein einfacher Fall dieser Art ist der, wo alle Gleichungen der Gruppe II, § 3 schon von selbst erfüllt sind. Dies findet statt, wenn die Quadrate der ε sämtlich gleich Eins, und zugleich die H_1, H_2, H_3 gleich Null sind, wie aus § 4, β im Hinblick auf das folgende sich sofort ergibt.

Sind nämlich die H gleich Null, und die $\varepsilon_i = 1$, so folgt aus

$$\begin{aligned} H_1 = x_u x_{vw} + y_u y_{vw} + x_u z_{vw} &= 0, \\ x_v x_{vw} + y_v y_{vw} + z_v z_{vw} &= 0, \\ x_w x_{vw} + y_w y_{vw} + z_w z_{vw} &= 0 \end{aligned}$$

[1]) Es ist zu bemerken, daß die hier gegebene Lösung der Gleichungen 7) **nicht die allgemeinste ist**, die ihnen entspricht. Sie ist hier nur gewählt, weil sie die Möglichkeit bietet, durch **lineare** Gleichungen unter Adjunktion von Wurzelgrößen die drei quadratischen Gleichungen und die drei bilinearen zu lösen, doch läßt sich das leicht ergänzen, und ist der Kürze wegen übergangen.

wegen $\Delta \neq 0$

$$x_{vw} = y_{vw} = z_{vw} = 0$$

und ebenso

$$x_{uv} = y_{uv} = z_{uv} = 0, \quad x_{uw} = y_{uw} = z_{uw} = 0.$$

Aus diesen Gleichungen kann man aber, da die x, y, z Funktionen der drei Variabeln u, v, w sind, zunächst nur schließen, daß

a) $$x = F(u, w) + F_1(v, w),$$

b) $$x = \Phi(v, w) + \Phi_1(v, u),$$

c) $$x = \Psi(u, v) + \Psi_1(u, w),$$

welche Gleichungen gleichzeitig bestehen müssen, während die F, F_1; Φ, Φ_1; Ψ, Ψ_1 irgend welche Funktionen sind.

Nun ist aber nach a)

$$x_v = \frac{\partial F_1(v, w)}{\partial v}, \quad \frac{\partial^2 x}{\partial v\, \partial w} = \frac{\partial^2 F_1(v, w)}{\partial v\, \partial w}$$

und nach c)

$$\frac{\partial^2 x}{\partial x_v\, \partial w} = 0,$$

also

$$\frac{\partial^2 F_1(v, w)}{\partial v\, \partial w} = 0, \quad F_1 = U + W.$$

Ebenso hat man aus a)

$$x_u = \frac{\partial F(u, w)}{\partial u}, \quad \frac{\partial^2 x}{\partial u\, \partial w} = \frac{\partial^2 F(u, w)}{\partial u\, \partial w}$$

und aus b) $\dfrac{\partial^2 x}{\partial w\, \partial u} = 0$, so daß $F(u, w) = U_1 + W_1$ wird.

Hiernach folgt in etwas anderer Schreibart

$$x = U_1 + V_1 + W_1,$$
$$y = U_2 + V_2 + W_2,$$
$$z = U_3 + V_3 + W_3.$$

Demnach hat man den Satz:

Sind alle $\varepsilon_i = 1$ (oder auch 0) und die $H_1 = H_2 = H_3 = 0$, so bilden die Flächen 2) des Systems ein Translationssystem.

Dieser Satz läßt sich auf mehr Variable erweitern. Zunächst etwa auf 4; u, v, w, t, unter der Annahme, daß alle

$$x_{uv},\ x_{uw},\ x_{vw};\ x_{ut},\ x_{vt},\ x_{wt}$$

Null sind, wie auch die für y, z.

Man hat dann

1) $$x = F_1(u, w, t) + \Phi_1(v, w, t),$$

2) $$x = F_2(u, v, t) + \Phi_2(w, v, t),$$

3) $$x = F_3(v, u, t) + \Phi_3(w, u, t),$$

4) $$x = F_4(u, w, v) + \Phi_4(t, w, v),$$

5) $$x = F_5(v, w, u) + \Phi_5(t, w, u),$$

6) $$x = F_6(w, v, u) + \Phi_6(t, v, u).$$

Nach 1) ist

$$\frac{\partial x}{\partial u} = \frac{\partial F_1(u, w, t)}{\partial u}, \quad \frac{\partial^2 x}{\partial u\,\partial t} = \frac{\partial^2 F_1(u, w, t)}{\partial u\,\partial t}$$

und nach 4)

$$\frac{\partial x}{\partial u} = \frac{\partial F_1(u, w, t)}{\partial u}, \quad \frac{\partial^2 x}{\partial u\,\partial t} = 0,$$

also

a) $$F_1(u, w, t) = A(u, w) + B(w, t).$$

Es ist auch nach 1)

$$\frac{\partial x}{\partial v} = \frac{\partial \Phi_1(v, w, t)}{\partial v}, \quad \frac{\partial^2 x}{\partial v\,\partial t} = \frac{\partial^2 \Phi_1(v, w, t)}{\partial v\,\partial t},$$

aber nach 5)

$$\frac{\partial x}{\partial v} = \frac{\partial F_5(v, w, u)}{\partial v}, \quad \frac{\partial^2 x}{\partial v\,\partial t} = 0,$$

also

b) $$\Phi_1 = A_1(v, w) + B_1(w, t).$$

Jetzt hat man aus a) und b)

$$x = A(u, w) + A_1(v, w) + B_2(w, t)$$

und nach den Voraussetzungen über die x

$$x = P(u) + P_1(w) + R(v) + R_1(t),$$

also wieder eine Summe von Funktionen je einer Variabeln. Man wird hiernach vermuten, daß der Satz allgemein gilt, doch würde der hier befolgte Weg weitläufig werden. Ich sehe davon ab, ihn allgemein zu bestätigen, da er für das folgende nicht in Betracht kommt.

Es sollen nun einige einfache Translationssysteme behandelt werden.

Erstens. Dreifache Translationssysteme, deren Schnittkurven Minimalkurven auf den betreffenden Flächen sind.

Im allgemeinen vereinfachen sich, wenn nur die ε_i = Null sind, die 6 Grundgleichungen nicht wesentlich. Doch läßt sich leicht zeigen, daß solche Systeme nicht von reellen Flächen gebildet werden können.

Es sei P ein beliebiger Punkt des räumlichen Gebietes; jede reelle Ebene durch P schneidet den imaginären Kreis J in zwei Punkten J_1 und J_2, mit konjugiert-komplexen Koordinaten, und umgekehrt wird auch jedes Paar der ∞^2 konjugierten Punkte eine reelle Ebene durch P liefern.

Auf der Fläche (vu), die durch P geht, zielen die Tangenten der Kurven u und v nach solchen konjugierten Punkten Ju, Jv. Soll nun auch die Fläche (uw) reell durch P gehen, so schneidet die Tangente von u bereits im Punkte Ju, da aber zu jedem Punkte auf J nur ein konjugierter Punkt gehört, so müßte als zweiter Schnittpunkt der Tangentenebene von (uw) mit J wieder sich Jv ergeben. Dies ist aber in einem dreifachen System unmöglich, da keine körperliche Ecke entsteht. Es hat daher die Betrachtung „allgemeiner Minimalkurvensysteme“ ein geringeres Interesse.

Translationssysteme kann man in verschiedener Weise erhalten. Setzt man

1)
$$x = \int \varrho_1 \cos\varphi_1\, du + \int \varrho_2 \cos\varphi_2\, dv + \int \varrho_3 \cos\varphi_3\, dw,$$
$$y = \int \varrho_1 \sin\varphi_1\, du + \int \varrho_2 \sin\varphi_2\, dv + \int \varrho_3 \sin\varphi_3\, dw,$$
$$z = i\left(\int \varrho_1\, du + \int \varrho_2\, dv + \int \varrho_3\, dw\right)$$

unter ϱ, φ Funktionen von je einer Variabeln verstanden, ferner

$$\int \varrho_1\, du = u_1, \quad \int \varrho_2\, dv = v_1, \quad \int \varrho_3\, dw = w_1,$$

so kann man die Gleichungen 1) auch so schreiben

2)
$$x = \int \cos\varphi_1\, du + \int \cos\varphi_2\, dv + \int \cos\varphi_3\, dw,$$
$$y = \int \sin\varphi_1\, du + \int \sin\varphi_2\, dv + \int \sin\varphi_3\, dw,$$
$$z = i(u + v + w),$$

wobei die eigentlich rechts hinzuzufügenden Indices der Kürze halber fortgelassen sind. Die Determinante Δ erhält den Wert

$$\Delta = i(\sin(\varphi_3 - \varphi_2) + \sin(\varphi_1 - \varphi_3) + \sin(\varphi_2 - \varphi_1)),$$

wird also nur für besondere Werte der φ Null sein. Und für die Determinanten E_3, G_3, die im Krümmungsmaße auftreten, erhält man

$$E_3 = \begin{vmatrix} x_{uu} \\ x_u \\ x_v \end{vmatrix} = i(1 + \cos(\varphi_1 - \varphi_3))\frac{\partial \varphi_1}{\partial u},$$

$$G_3 = \begin{vmatrix} x_{vv} \\ x_u \\ x_v \end{vmatrix} = i(1 - \cos(\varphi_1 - \varphi_2))\frac{\partial \varphi_2}{\partial v},$$

und ganz ähnliche Werte für die übrigen E_2, G_2; E_1, G_1, so daß die Flächen in räumlichen Gebieten nicht abwickelbar sind.

Eine noch übersichtlichere Darstellung erhält man durch den Ansatz[1])

3)
$$x_u = U^2 - 1, \quad y_u = i(U^2 + 1), \quad z_u = 2U,$$
$$x_v = V^2 - 1, \quad y_v = i(V^2 + 1), \quad z_v = 2V,$$
$$x_w = W^2 - 1, \quad y_w = i(W^2 + 1), \quad z_w = 2W,$$

auf den man durch einfache Transformation jede Lösung der Gleichungen $x_u^2 + y_u^2 + z_u^2 = 0$ etc. zurückführen kann.

Es wird
$$\Delta = 4i(U - V)(V - W)(W - U),$$
und
$$f_3 = -2(U - V)^2,$$
$$f_2 = -2(W - U)^2,$$
$$f_1 = -2(V - W)^2;$$

---

1) Analoges gilt bei ungleichen Vorzeichen der einzelnen i.

ferner
$$DD'' = -4\,U'V'(U-V)^4,$$
also das Krümmungsmaß der Fläche (uv)
$$K = \frac{U'V'}{(U-V)^4}.$$

Nur für besondere Werte von u, v kann k gleich Null resp. ∞ sein und dasselbe gilt auch für die Flächen (vw), (uw). Endlich sind die Richtungscosinus X, Y, Z der Fläche (uv)
$$\begin{aligned} Y &= i\,(UV+1):(U-V), \\ X &= (UV-1)\;:(U-V), \\ Z &= (U+V)\;\;:(U-V). \end{aligned}$$

Zweitens. Dreifache Translationssysteme, für die die $\varepsilon_i = 1$, H_1, H_2, H_3 gleich Null sind. Dieser Fall läßt sich nicht so einfach wie der erste behandeln, da Gleichungen von der Form $x_u^2 + y_u^2 + z_u^2 = 1$ keine so einfachen Ausdrücke für die x_u, y_u, z_u geben. Es reicht aber schon hin, an Stelle des Falles
$$\begin{aligned} x_u &= U_1, & y_u &= U_2, & z_u &= U_3, \\ x_v &= V_1, & y_v &= V_2, & z_v &= V_3, \\ x_w &= W_1, & y_w &= W_2, & z_w &= W_3 \end{aligned}$$
den etwas einfacheren
$$U_2 = 0, \quad V_1 = 0, \quad W_3 = 0$$
zu betrachten, bei dem die Determinante
$$\Delta = -(U_1V_3W_2 + W_1V_2U_3)$$
nur für besondere Wertsysteme der Funktionen U, V, W Null sein kann. Setzt man jetzt
$$\begin{aligned} x_u &= \cos\xi, & y_u &= 0, & z_u &= \sin\xi, \\ x_v &= 0, & y_v &= \cos\eta, & y_v &= \sin\eta, \\ x_w &= \cos\zeta, & y_w &= \sin\zeta, & z_w &= 0, \end{aligned}$$
so erhält man
$$E_3 = \begin{vmatrix} -\sin\xi & 0 & \cos\xi \\ \cos\xi & 0 & \sin\xi \\ 0 & \cos\eta & \sin\eta \end{vmatrix} \xi'_u = \cos\eta\,\xi'_u,$$
$$G_3 = \begin{vmatrix} 0 & -\sin\eta & \cos\eta \\ \cos\xi & 0 & \sin\xi \\ 0 & \cos\eta & \sin\eta \end{vmatrix} \eta'_v = \cos\xi\,\eta'_v;$$
und ebenso
$$\begin{aligned} E_2 &= -\sin\xi\,\zeta'_w, \\ G_2 &= -\sin\zeta\,\xi'_u; \\ E_1 &= -\cos\zeta\,\eta'_v, \\ G_1 &= \sin\eta\,\zeta'_w. \end{aligned}$$

Dies sind Werte, die nur unter besonderen Voraussetzungen für die Werte der von u, v, w beziehlich abhängigen Funktionen ξ, η, ζ Null werden, so daß auch hier in räumlichen Gebieten keine der Flächen abwickelbar wird.

Drittens. Dreifache Systeme, deren Schnittkurven Haupttangentenkurven in den zugehörigen Flächen sind.

Wenn zwei Flächen sich in einer Haupttangentenkurve schneiden, so werden sie „im allgemeinen" sich längs derselben berühren. Der Beweis dieses Satzes wird, so weit mir bekannt, mit Hilfe der Theorie der konjugierten Richtungen auf einer Fläche geführt. Es ist aber einfacher, ihn ganz direkt zu erkennen. Sind nämlich die Koordinaten x, y, z durch zwei Variable u, v so ausgedrückt, daß die Linie $v =$ konst. Haupttangentenkurve ist, so muß

$$\begin{vmatrix} x_{uu} \\ x_u \\ x_v \end{vmatrix} = 0$$

sein. Nennt man die Unterdeterminanten der letzten Reihe p, q, r, so ist

$$p x_u + q y_u + r z_u = 0,$$
$$p x_v + q y_v + r z_v = 0;$$

daraus folgt aber, daß die p, q, r den cosinus der Normale proportional sind, die zugleich sich auf die Binormale der Kurve beziehen. Ein dreifaches System dieser Art ist offenbar unmöglich, ausgenommen in dem Falle, wo die p, q, r Null sind. Dann aber ist die Binormale ganz unbestimmt, also die Schnittkurve eine gerade Linie; man sieht zugleich, daß der eben geführte Beweis nur voraussetzt, daß an einer Stelle die Flächen sich in einer ihnen gemeinsamen Haupttangente schneiden.

Die Untersuchung eines derartigen dreifachen Systems verlangt daher die Betrachtung der Gleichungen

$$1)\qquad \begin{aligned} x_{uu} &= \lambda x_u, & x_{vv} &= \mu x_v, & x_{ww} &= \nu x_w, \\ y_{uu} &= \lambda y_u, & y_{vv} &= \mu y_v, & y_{ww} &= \nu y_w, \\ z_{uu} &= \lambda z_u, & z_{vv} &= \mu z_v, & z_{ww} &= \nu z_w. \end{aligned}$$

Diese Gleichungen verlangen eine weitergehende Behandlung; wird aber vorausgesetzt, daß die ε_1^2, ε_2^2, ε_3^2 beziehlich von den u, v, w unabhängig sind, so folgt aus 1)

$$x_{uu} = 0, \qquad x_{vv} = 0, \qquad x_{ww} = 0$$

und dieselben Gleichungen gelten auch für y und z.

Es ist daher jedes x, y, z in den Variabeln u, v, w eine lineare Funktion und man hat also

$$\mathrm{I)}\qquad \begin{aligned} x &= A_1 uvw + B_1 uw + C_1 vw + D_1 uv + \alpha_1 u + \beta_1 v + \gamma_1 w + h_1, \\ y &= A_2 uvw + B_2 uw + C_2 vw + D_2 uv + \alpha_2 u + \beta_2 v + \gamma_2 w + h_2, \\ z &= A_3 uvw + B_3 uw + C_3 vw + D_3 uv + \alpha_3 u + \beta_3 v + \gamma_3 w + h_3; \end{aligned}$$

die A, B, C, D, α, β, γ, h sind dabei sämtlich irgend welche Konstanten. Die Gleichungen I) hätten sich übrigens ganz unabhängig von der Eigenschaft der Haupttangentenkurven ergeben. Setzt man nämlich voraus, daß die Kurve u Haupttangentenkurve in den beiden Flächen (uw) und (uv) ist, so müssen

$$\begin{vmatrix} x_{uu} & y_{uu} & z_{uu} \\ x_u & y_u & z_u \\ x_v & y_v & z_v \end{vmatrix} \quad \text{und} \quad \begin{vmatrix} x_{uu} & y_{uu} & z_{uu} \\ x_u & y_u & z_u \\ x_w & y_w & z_w \end{vmatrix}$$

gleich Null sein. Multipliziert man diese Bedingungen mit $\Delta \neq 0$, so ergeben sich unter der Voraussetzung, daß $\varepsilon_1 \varepsilon_{1,u} = 0$ zwei Gleichungen für die Ausdrücke $\Sigma x_{uu} x_v$, $\Sigma x_{uu} x_w$, deren Determinante gleich Δ^2 ist, so daß, da auch $\Sigma x_{uu} x_u = 0$ notwendig ist, wieder $x_{uu} = 0$, $y_{uu} = 0$, $z_{uu} = 0$ usw. folgt.

Setzt man zunächst voraus, daß die α, β, γ alle Null sind, also in I) lineare Glieder in u, v, w nicht auftreten, und zieht die übrigen Konstanten in die x, y, z hinein, so ist die Determinante

$$\Delta = \begin{vmatrix} x_u & y_u & z_u \\ x_v & y_v & z_v \\ x_w & y_w & z_w \end{vmatrix}$$

zu betrachten. Sie erhält nach einfacher Umformung die Gestalt der 7 reihigen Determinante

$$\Delta = \begin{vmatrix} 0 & 0 & 0 & A_1 & B_1 & D_1 & C_1 \\ 0 & 0 & 0 & A_2 & B_2 & D_2 & C_2 \\ 0 & 0 & 0 & A_3 & B_3 & D_3 & C_3 \\ vw & uw & uv & -1 & 0 & 0 & 0 \\ w & 0 & u & 0 & -1 & 0 & 0 \\ v & u & 0 & 0 & 0 & -1 & 0 \\ 0 & w & v & 0 & 0 & 0 & -1 \end{vmatrix}.$$

Sie ist daher nur von vierter Ordnung in den u, v, w und ist Null für $u = 0$; $v = 0$; $w = 0$, muß also den Faktor uvw enthalten, so daß der übrige Bestandteil eine lineare Funktion der u, v, w wird. Dies sieht man auch schon daraus, daß die 3 reihigen Determinanten aus den drei ersten Kolonnen sämtlich den Faktor uvw enthalten; da auch der Wert von Δ, insoweit er von dritter Ordnung ist, gleich

$$uvw \begin{vmatrix} B_1 & D_1 & C_1 \\ B_2 & D_2 & C_2 \\ B_3 & D_3 & C_3 \end{vmatrix}$$

ist, so ist überhaupt

$$\Delta = uvw(Au + Bv + Dw)$$

und kann nur für singuläre Stellen des Gebietes Null sein.

Jetzt gebe man der Variabeln w einen konstanten Wert w_0 in I); so hat man

$$x = uv(A_1 w_0 + D_1) + w_0(B_1 u + C_1 v),$$
$$y = uv(A_2 w_0 + D_2) + w_0(B_2 u + C_2 v),$$
$$z = uv(A_3 w_0 + D_3) + w_0(B_3 u + C_3 v).$$

Multipliziert man diese Gleichungen mit Faktoren p_1, q_1, r_1, so daß

$$p_1 B_1 + q_1 B_2 + r B_1 = 0,$$
$$p_1 C_1 + q_1 C_2 + r_1 C_3 = 0;$$

und in analoger Weise mit Faktoren p_2, q_2, r_2; p_3, q_3, r_3, so erhält man

$$x p_1 + y q_1 + z r_1 = uvL,$$
$$x p_2 + y q_2 + z r_2 = vM,$$
$$x p_3 + y q_3 + z r_3 = uN,$$

wo L, M, N irgend welche Konstanten sind, da die A, B, C, D ganz willkürlich geblieben waren. Damit folgt durch Elimination der u, v die Gleichung der Fläche $w = w_0$

$$NM(xp_1 + yq_1 + zr_1) = L(xp_2 + yq_2 + zr_2)(xp_3 + yq_3 + zr_3).$$

Das ist aber die Gleichung eines hyperbolischen Paraboloids, dessen Erzeugende in der unendlich fernen Ebene unmittelbar zu ersehen sind; bei reellen A, B, C, D ist es sicher reell.

Für den Fall, wo die α, β, γ nicht Null sind, wird die Determinante Δ sich nicht mehr so einfach ausdrücken lassen; gleichwohl bleibt das allgemeine Resultat bestehen. Setzt man nämlich für w eine Konstante w_0, so hat man

$$x - \gamma_1 w_0 = uv(A_1 w_0 + D_1) + u(B_1 w_0 + \alpha_1) + v(C_1 w_0 + \beta_1),$$
$$y - \gamma_2 w_0 = uv(A_2 w_0 + D_2) + u(B_2 w_0 + \alpha_2) + v(C_2 w_0 + \beta_2),$$
$$z - \gamma_3 w_0 = uv(A_3 w_0 + D_3) + u(B_3 w_0 + \alpha_3) + v(C_3 w_0 + \beta_3),$$

und auf ganz analoge Art erhält man wieder, wenn die linken Seiten durch neue Koordinaten x_1, y_1, z_1 bezeichnet werden und man die entsprechenden Werte p, q, r einführt, die Gleichungen eines hyperbolischen Paraboloids.

Nicht so einfach ist die Untersuchung des allgemeinen Haupttangentenkurvenproblems. Aus den jetzt gültigen Gleichungen

$$x_{uu} = \lambda x_u, \quad x_{vv} = \mu x_v, \quad x_{ww} = \nu x_w,$$
$$y_{uu} = \lambda y_u, \quad y_{vv} = \mu y_v, \quad y_{ww} = \nu y_w,$$
$$z_{uu} = \lambda z_u, \quad z_{vv} = \mu z_v, \quad z_{ww} = \nu y_w$$

erhält man die Gleichungen

A) $$f_{3,u} - \varepsilon_1 \varepsilon_{1,v} = f_3 \frac{\varepsilon_{1,u}}{\varepsilon_1}, \quad f_{2,u} - \varepsilon_1 \varepsilon_{1,w} = f_2 \frac{\varepsilon_{1,u}}{\varepsilon_1}, \quad f_{1,v} - \varepsilon_2 \varepsilon_{2,w} = f_1 \frac{\varepsilon_{2,v}}{\varepsilon_2},$$
$$f_{3,v} - \varepsilon_2 \varepsilon_{2,u} = f_3 \frac{\varepsilon_{2,v}}{\varepsilon_2}, \quad f_{2,w} - \varepsilon_3 \varepsilon_{3,u} = f_2 \frac{\varepsilon_{3,w}}{\varepsilon_3}, \quad f_{1,w} - \varepsilon_3 \varepsilon_{3,v} = f_1 \frac{\varepsilon_{3,w}}{\varepsilon_3}.$$

Durch Elimination der Ableitungen der f_1, f_2, f_3 erhält man

1) $$(\varepsilon_2 \varepsilon_{2,u})_u - (\varepsilon_1 \varepsilon_{1,v})_v = \varepsilon_{1,u} \varepsilon_{2,u} \frac{\varepsilon_2}{\varepsilon_1} - \varepsilon_{2v} \varepsilon_{1,v} \frac{\varepsilon_1}{\varepsilon_2} + f_3\left(\left(\frac{\varepsilon_{1,u}}{\varepsilon_1}\right)_v - \left(\frac{\varepsilon_{2,v}}{\varepsilon_2}\right)_u\right),$$

2) $$(\varepsilon_3 \varepsilon_{3,u})_u - (\varepsilon_1 \varepsilon_{1,w})_w = \varepsilon_{1,u} \varepsilon_{3,u} \frac{\varepsilon_3}{\varepsilon_1} - \varepsilon_{3,w} \varepsilon_{1,w} \frac{\varepsilon_1}{\varepsilon_3} + f_2\left(\left(\frac{\varepsilon_{1,u}}{\varepsilon_1}\right)_w - \left(\frac{\varepsilon_{3,w}}{\varepsilon_3}\right)_u\right),$$

3) $$(\varepsilon_3 \varepsilon_{3,v})_v - (\varepsilon_2 \varepsilon_{2,w})_w = \varepsilon_{2,v} \varepsilon_{3,v} \frac{\varepsilon_3}{\varepsilon_2} - \varepsilon_{3,w} \varepsilon_{2,w} \frac{\varepsilon_2}{\varepsilon_3} + f_1\left(\left(\frac{\varepsilon_{2,v}}{\varepsilon_2}\right)_w - \left(\frac{\varepsilon_{3,w}}{\varepsilon_3}\right)_v\right),$$

aus denen hervorgeht, daß die f schon allein durch die ε bestimmt sind. Setzt man diese Werte in die A ein, so erhält man 6 Gleichungen in den ε allein; trägt man in die 6 Grundgleichungen die Werte der f ebenfalls ein, so ergeben sich für die ε allein zwölf verwickelte Gleichungen, deren weitere Untersuchung keineswegs einfach sein dürfte.

Die Betrachtung der Haupttangentenkurvenschnitte führt auf eine andere allgemeine geometrische Frage: sämtliche Konfigurationen gerader Linien zu bestimmen, derart, daß durch jeden Punkt eines räumlichen Gebietes drei, eine körperliche Ecke bildende, hindurchgehen. Derartige Fragen lassen sich in verschiedener Art behandeln; ich will nur eine ziemlich allgemeine angeben. Man betrachte die Schar der Tangenten t einer abwickelbaren Fläche, in jeder Tangentenebene derselben zwei Scharen von parallelen Geraden, die ebenfalls stetig die betreffende Ebene erfüllen, dabei soll zu einer dieser Scharen auch jedesmal die betreffende Tangente t gehören. Man hat dann ein System von ∞^1 Ebenen; in jeder derselben gehen durch jeden Punkt zwei Gerade. Jetzt werde dieses System durch eine Strahlenkongruenz (in liniengeometrischem Sinne) geschnitten, so wird jede Gerade desselben jede Ebene in einem Punkte treffen, durch den drei Gerade gehen. Durch eine affine oder auch kollineare Transformation kann man dies System noch verallgemeinern; doch wird man im letzteren Falle die ins Endliche fallenden unendlich fernen Punkte als singuläre anzusehen haben. Hier ist nicht der Ort, derartige Betrachtungen weiter zu verfolgen.

Viertens. Dreifache Systeme, deren Flächen sämtlich abwickelbar sind.

Da die rechten Seiten der ersten Gruppe der Grundgleichungen (§ 4; I, II, III) den Krümmungsmassen proportional sind, erhält man für den speziellen Fall $\varepsilon_1^2 = \varepsilon_2^2 = \varepsilon_3^2 = 1$ die Gleichungen

6)
$$\begin{aligned} f_{3,uv}(1-f_3^2) + f_{3,u} f_{3,v} f_3 &= 0, \\ f_{2,uw}(1-f_2^2) + f_{2,u} f_{2,w} f_2 &= 0, \\ f_{1,vw}(1-f_1^2) + f_{1,u} f_{1,w} f_1 &= 0, \end{aligned}$$

die sich allgemein integrieren lassen. Aus der ersten Gleichung 6) hat man sogleich

$$\frac{f_{3,u}}{\sqrt{1-f_3^2}} = \frac{\partial}{\partial u} F(u, w),$$

wo F eine Funktion von u und w ist. Eine nochmalige Integration liefert also

7)
$$\begin{aligned} f_3 &= \sin(F_1(u, w) + \Phi_1(v, w)), \\ f_2 &= \sin(F_2(u, v) + \Phi_2(w, v)), \\ f_1 &= \sin(F_3(v, u) + \Phi_3(w, u)). \end{aligned}$$

Dies ist also der Ausdruck für die Koeffizienten von ds^2, wenn alle Flächen des Systems abwickelbar sein sollen. Die Gleichungen 7) sind aber nur notwendig, da die zweite Gruppe der Grundgleichungen noch nicht berücksichtigt ist. Nimmt man aber an, daß auch die H_1, H_2, H_3 gleich Null sind, so ist die Gruppe 2) erfüllt, und man hat jetzt nur noch ein System von Translationsflächen. Jetzt aber wird $f_3 = \Sigma x_u x_v$ unabhängig von w, und entsprechendes gilt von f_2 und f_1, so daß die Gleichungen 7) die einfachere Form erhalten

8)
$$\begin{aligned} f_3 &= \sin(U + V), \\ f_2 &= \sin(U_1 + W_1), \\ f_1 &= \sin(W_2 + U_2), \end{aligned}$$

wo die U, V, W wieder willkürliche Funktionen sein können. Damit ist nun die Form von ds^2 bestimmt. Aber es folgt daraus noch nicht, daß nun auch die Krümmungsmasse Null sind. Dies würde nur dann selbstverständlich sein, wenn die Gleichungen der ersten Gruppe Identitäten wären, die auch nach Einführung von Bedingungen wie 7) oder 8) noch bestehen bleiben.

Um ein einfaches Beispiel zu haben, setze man [1])

$$x_u = \sin u, \quad x_v = \cos v, \quad x_w = \alpha,$$
$$y_u = \cos u, \quad y_v = \sin v, \quad y_w = \beta,$$
$$z_u = 0, \quad z_v = 0, \quad z_w = \gamma,$$
$$\alpha^2 + \beta^2 + \gamma^2 = 1.$$

Hier sind in der Tat alle Bedingungen erfüllt, zugleich sind die Ausdrücke E_3, G_3, G_1, G_2 gleich Null, während $\varepsilon_1 = -\gamma$, $\varepsilon_2 = \gamma$ ist. Die Determinante $\Delta = -\gamma \cos(u - v)$ verschwindet aber nur für besondere Werte. Das System besteht aus parallelen Ebenen $z = \gamma\,\omega$ und zwei Scharen abwickelbarer Flächen.

§ 7.

Weitere spezielle Fälle.

Fall I. Es seien f_3, f_2, f_1 beziehlich nur abhängig von w, v, u. Dann ist zunächst, wenn $\varepsilon_1^2 = \varepsilon_2^2 = \varepsilon_3^2 = 1$

$$ds^2 = du^2 + dv^2 + dw^2 + 2(W\,du\,dv + V\,du\,dw + U\,dv\,dw),$$

wobei die W, V, U noch willkürliche Funktionen der entsprechenden Variablen sind. Aus den Gleichungen

$$1)\quad \begin{aligned} \Sigma x_{uu}\,x_v &= p_2 = f_{3,u} = 0,\\ \Sigma x_{uu}\,x_w &= p_3 = f_{2,u} = 0,\\ \Sigma x_{vv}\,x_u &= q_1 = f_{3,v} = 0,\\ \Sigma x_{vv}\,x_w &= q_3 = f_{1,v} = 0,\\ \Sigma x_{ww}\,x_u &= r_1 = f_{2,w} = 0,\\ \Sigma x_{ww}\,x_w &= r_2 = f_{1,w} = 0 \end{aligned}$$

folgt also, daß die linken Seiten der Grundgleichungen der ersten Gruppe, da auch die P_3, P_2, P_1 gleich Null sind, selbst verschwinden, während die rechten Seiten nur noch die $H_3^2(1-f_3^2)^2$, $H_2^2(1-f_2^2)^2$, $H_1^2(1-f_1^2)^2$ enthalten. Man erhält also wieder ein Translationssystem. Da zugleich mit $\varepsilon_i^2 = 1$ nach 1) schon alle x_{uu}, y_{uu}, z_{uu}; x_{vv}, y_{vv}, z_{vv}; x_{ww}, y_{ww}, z_{ww} gleich Null sind, so folgt

$$x = a_1 u + b_1 v + c_1 w, \quad \Sigma a_i^2 = 1,$$
$$y = a_2 u + b_2 v + c_2 w, \quad \Sigma b_i^2 = 1,$$
$$z = a_3 u + b_3 v + c_3 w, \quad \Sigma c_i^2 = 1,$$

und es wird

---

[1]) Dies Beispiel kann man auch so behandeln, daß man

$$x_u = a\cos u, \quad x_v = b\cos v, \quad x_w = \alpha,$$
$$y_u = a\sin u, \quad y_v = b\sin u, \quad y_w = \beta,$$
$$z_u = \alpha_1, \quad z_v = \beta_1, \quad z_w = \gamma,$$
$$a^2 + \alpha_1^2 = b^2 + \beta_1^2 = \alpha^2 + \beta^2 + \gamma^2 = 1$$

setzt. Dann ist E_3 und G_3 nicht Null, $E_1 \neq 0$, $G_1 = 0$, $E_2 = 0$, $G_2 \neq 0$. Zwei der Flächenscharen sind abwickelbar, die dritte nicht. Nur wenn $\alpha = \beta = 0$, gilt das auch von der dritten; dies ist der Fall des Textes.

$$ds^2 = du^2 + dv^2 + dw^2 + 2(\cos\gamma\, du\, dv + \cos\beta\, du\, dw + \cos\alpha\, dv\, dw),$$

unter γ, β, α die Winkel zwischen den Kurven u, v; u, w; v, w verstanden.

Fall II. Sind f_1 und f_2 beide gleich Null, also mit $\varepsilon_1^2 = \varepsilon_2^2 = \varepsilon_3^2 = 1$

$$ds^2 = du^2 + dv^2 + dw^2 + 2 f_3\, du\, dv,$$

so geben die zweite und dritte Gleichung der ersten Gruppe in derselben Weise, wie bei Fall I

$$H_1 = 0, \quad H_2 = 0.$$

Daraus wiederum (vgl. § 3, Gl. 2)

$$H_3 = 0.$$

Es entsteht also wieder ein Translationssystem, und die einzige noch übrige Gleichung liefert

$$ds^2 = du^2 + dv^2 + dw^2 + 2\, du\, dv \sin(U + V).$$

Aus $f_1 = 0$, $f_2 = 0$ folgt aber

2)
$$\Sigma x_{vv} x_w = 0, \quad \Sigma x_{uu} x_w = 0;$$

3)
$$\Sigma x_v\, x_{ww} = 0, \quad \Sigma x_u\, x_{ww} = 0,$$

und aus 3) $x_{ww} = 0$, $y_{ww} = 0$, $z_{ww} = 0$, so daß x_w, y_w, z_w gleich Konstanten a, b, c werden. Dann folgt aber aus

$$f_1 = 0, \quad x_v a + y_v b + z_v c = 0,$$
$$f_2 = 0, \quad x_u a + y_u b + z_u c = 0$$

durch Integration

$$xa + yb + zc = c_1,$$
$$xa + yb + zc = c_2,$$

so daß $c_1 = c_2$ sein muß. Man erhält daher wieder eine Schar paralleler Ebenen. Zugleich wird

$$\Delta E_3 = \Delta \begin{vmatrix} x_{uu} \\ x_u \\ x_v \end{vmatrix} = \begin{vmatrix} 0 & f_{3,u} & 0 \\ 1 & f_3 & 0 \\ f_3 & 1 & 0 \end{vmatrix} = 0, \qquad \Delta G_3 = \Delta \begin{vmatrix} x_{vv} \\ x_v \\ x_u \end{vmatrix} = \begin{vmatrix} f_{3,v} & 0 & 0 \\ 1 & f_3 & 0 \\ f_3 & 1 & 0 \end{vmatrix} = 0,$$

$$\Delta E_1 = \Delta \begin{vmatrix} x_{vv} \\ x_v \\ x_w \end{vmatrix} = f_{3,v}, \qquad \Delta G_1 = \Delta \begin{vmatrix} x_{vw} \\ x_u \\ x_w \end{vmatrix} = 0,$$

$$\Delta E_2 = \Delta \begin{vmatrix} x_{ww} \\ x_w \\ x_u \end{vmatrix} = 0, \qquad \Delta G_2 = -f_{3,u},$$

so daß die beiden anderen Flächenscharen abwickelbar sind, während in der ersten Reihe der vorstehenden Gleichungen alle Fundamentalgrößen der zweiten Ordnung verschwinden, was unmittelbar vorher schon direkt erwiesen wurde.

Fall III. Zu ganz ähnlichen Resultaten führen auch die Voraussetzungen $\varepsilon_1^2 = \varepsilon_2^2 = \varepsilon_3^2 = 1$ und

$$f_1 = \text{konst.}, \quad f_2 = U_1(u), \quad f_3 = U_2(u), \tag{4}$$

wobei $f_{3,u}$, $f_{2,u}$ nicht Null sind.

Da jetzt

$$f_3(u, v) = 0, \quad f_2(u, w) = 0, \quad f_1(v, w) = 0,$$

so sind wieder P_3, P_2, P_1 gleich Null. Und ebenso ergibt sich, daß auch $H_1 = H_2 = H_3 = 0$ ist, weil die linken Seiten der ersten Gruppe Null sind, so daß auch hier ein Translationssystem entsteht. Nach den Gleichungen 1) dieses Paragraphen sind aber x_{vv}, x_{ww} gleich Null, und dasselbe gilt für y und z, während $f_{3,u} \neq 0$, $f_{2,u} \neq 0$. Darnach wird

$$\Delta E_3 = \begin{vmatrix} 0 & f_{3,u} & f_{2,u} \\ 1 & f_3 & f_2 \\ f_3 & 1 & f_1 \end{vmatrix}, \quad \Delta G_3 = 0,$$

$$\Delta E_1 = 0, \quad \Delta G_1 = 0,$$

$$\Delta E_2 = 0, \quad \Delta G_2 = \begin{vmatrix} 0 & f_{3,u} & f_{2,u} \\ f_2 & f_1 & 1 \\ 1 & f_3 & f_2 \end{vmatrix}.$$

Die eine Flächenschar besteht wieder aus Ebenen, die beiden anderen sind abwickelbar. Da außerdem

$$x_v = \alpha, \quad y_v = \beta, \quad z_v = \gamma, \quad \alpha^2 + \beta^2 + \gamma^2 = 1,$$
$$x_w = a, \quad y_w = b, \quad z_w = c, \quad a^2 + b^2 + c^2 = 1$$

sein müssen, so ist

$$x = \int U_1\,du + \alpha u + a u + c_1,$$
$$y = \int U_2\,du + \beta u + b u + c_2,$$
$$z = \int U_3\,du + \gamma u + c u + c_3,$$
$$U_1^2 + U_2^2 + U_3^2 = 1;$$

also besteht zwischen x, y, z bei konstantem u für konstante p, q, r eine Gleichung von der Form

$$p x + q y + r z = \text{konst.},$$

d. h. die Ebenen sind alle parallel. Es ist aber

$$ds^2 = du^2 + dv^2 + dw^2 + 2\left((U_1\alpha + U_2\beta + U_3\gamma)\,du\,dv + (U_1 a + U_2 b + U_3 c)\,du\,dw + (a\alpha + b\beta + c\gamma)\,dv\,dw\right).$$

§ 8.

Über frühere Untersuchungen in der Theorie der Flächen und der Flächensysteme.

Das Theorema egregium von Gauss hat die großen Arbeiten von Ossian Bonnet (Journ. de l'École Polyt. cahier 41, 42; 1864, 1865) sowie die von E. Beltrami und anderen über die Theorie der Flächen und ihre Verbiegungen hervorgerufen. Der leider so früh verstorbene Paul Stäckel, der das Tagebuch von Gauss in Göttingen zur Einsicht hatte, teilte mir schon vor längerer Zeit brieflich mit, Gauß bemerke dort, „er habe sich überzeugt, daß außer demselben keine weitere Relation zwischen den e, f, g des ds^2 bestehe." Wie diese Äußerung aufzufassen ist, wird sich schwer feststellen lassen, vielleicht war sie nur eine gelegentliche Notiz. In L. Bianchis Vorlesungen über Differentialgeometrie, Leipzig 1899 werden S. 91 vier nur scheinbar verschiedene Ausdrücke für das Krümmungsmaß angegeben, es scheint aber doch, daß Gauss damals die späteren Gleichungen von Mainardi und Codazzi noch nicht gekannt hat.

Gasparo Mainardi hat zuerst in seiner Teoria generale delle superficie (Giornale dell' Istituto Lombardo, Bd. 9, S. 385—398, 1856) die „Fundamentalgrößen zweiter Ordnung" unter Benutzung der Integrabilitätsbedingungen zur Gewinnung der Grundgleichungen der Flächentheorie eingeführt. Seine Darstellung scheint damals nicht so allgemein bekannt geworden zu sein, als sie es verdient hätte, sie ist auch nicht bequem zu übersehen. Vollständig unabhängig von ihm hat Delfino Codazzi 1859 der Pariser Akademie seine erst 1882 im Druck erschienene Abhandlung (Mémoire rélatif à l'application des surfaces, les unes sur les autres, Mémoires présentés par divers savants à l'académie des sciences, Bd. XXVII) eingereicht, in der er mit Hilfe einer geschickten geometrischen auf den elementaren Sätzen über Richtungscosinus beruhenden Analyse des auf der gegebenen Fläche vorausgesetzten Orthogonalsystems von Kurven der Parameter T und t und mittels zweier zweiten partiellen Ableitungen nach T und t, die denselben Wert haben müssen, ein System von drei notwendigen Gleichungen erhält, von denen eine die Gleichung von Gauss ist, während die beiden anderen denen von Mainardi entsprechen. Darauf folgt dann eine Reihe vollständig ausgeführter Verbiegungen gegebener Flächen. Zum Schlusse bemerkt C. noch, daß ähnliches bei allgemeinem $ds^2 = e\,du^2 + 2f\,du\,dv + g\,dv^2$ gültig sei.

E. Laguerre hat 1872 (Nouv. Annal. de mathématiques, Serie II, 11, S. 60) die Darstellung von Codazzi noch etwas kürzer gefaßt und durch eine einfache Transformation das allgemeine ds^2 auf den einfacheren Fall $f = 0$ zurückgeführt; er weist bezüglich der Frage nach dem hinreichenden Charakter der Gleichungen für die Existenz der Flächen auf die Untersuchungen von Bonnet hin. Bis in die neueste Zeit ist diese letztere Frage noch behandelt, man vergleiche wegen der dabei auftretenden Riccatischen Gleichungen die zusammenfassende Darstellung bei G. Scheffers, Theorie der Flächen, Bd. II, 2. Auflage. Die Abhandlungen von Ch. Brisse, welche Darboux. Théorie générale, Bd. II erwähnt (Journal de l'École Normale, de l'École Polytechnique), enthalten kaum wesentlich Neues.

1859 erschien das ausgezeichnete Werk von G. Lamé, Sur la théorie des coordonnées curvilignes et leurs diverses applications, über dreifach orthogonale Flächensysteme, dessen Resultat sechs notwendige Gleichungen zwischen den drei Koeffizienten von $ds^2 = \varepsilon_1^2 du^2 + \varepsilon_2^2 dv^2 + \varepsilon_3^2 dw^2$ sind (S. 78 ff.), nebst zahlreichen Anwendungen auf die allgemeine Flächentheorie, Mechanik und Elastizitätstheorie. Für eine einzelne Fläche hat man 6 Integrabilitätsbedingungen, für ein allgemeines dreifaches System, bei dem die x, y, z Funktionen von u, v, w sind, entstehen 18 analog gebildete Bedingungen, aber man wird die Frage nicht umgehen können, ob nicht die Unabhängigkeit der dritten Ableitungen der x, y, z nach den u, v, w zwischen den 6 Koeffizienten ε_i^2, f_i $(i = 1, 2, 3)$ von ds^2 etwa noch andere Beziehungen zwischen den letzteren hervorrufen kann. Dies ist indessen zu verneinen, wie sich zeigen läßt. Erst in L. Bianchis vortrefflichen Vorlesungen über Differentialgeometrie, S. 385 findet sich der Beweis, daß die 6 Gleichungen von Lamé die Existenz eines einzigen Orthogonalsystems vermöge eines unbeschränkt integrablen Systems linearer Differentialgleichungen verbürgen.

Die weiteren Arbeiten Codazzis sind in den Annali di matematica, Serie II, Bd. 1, 2, 4, 5 unter der Redaktion von F. Brioschi und L. Cremona erschienen. Aber gleich Annali, Serie II, 1, Juli 1867 — Mai 1868 enthält die wichtige Abhandlung von Brioschi, Sulla teoria delle coordinate curvilinee, welche vermöge der Fundamentalgrößen zweiter Ordnung auf kaum 4 Seiten in der elegantesten Weise die notwendigen und hinreichenden Gleichungen der Flächentheorie, die schöne doppelte Formel für den Ausdruck des Krümmungsmaßes und eine Reihe weiterer Anwendungen auf einzelne Probleme gibt. In etwas weiterer Ausführung findet man den Inhalt auch bei R. Hoppe, Prinzipien der Flächentheorie, 2. Aufl., 1890 (zuerst 1876).

Codazzi findet in seiner Arbeit, Pavia 1868, Sulle coordinate curvilinee d'una superficie e dello spazio, Annali 2 zwischen den 9 von ihm eingeführten Größen (S. 110) bei allgemeinem $ds^2 = e\,du^2 + 2f\,du\,dv + g\,dv^2$ wieder drei Gleichungen, aber erst Annali 2, S. 272 die Formel für das Krümmungsmaß, und S. 273, 274 das System der beiden anderen Differentialgleichungen (dicembre 1868); durch den beständigen Gebrauch sphärisch-trigonometrischer Formeln bei körperlichen Ecken sind die Rechnungen allerdings weitläufiger und stehen an Übersichtlichkeit hinter der Pariser Abhandlung von 1859 zurück.

Codazzis Untersuchungen über dreifache Flächensysteme beginnen in den Annali 1, S. 293 mit der Umformung erster und zweiter Ableitungsausdrücke, je nachdem man die x, y, z oder die u, v, w als unabhängige Variable betrachtet; daran schließt sich im zweiten Teil S. 310 die Betrachtung über den Temperaturzustand eines homogenen Mediums, die hier übergangen werden muß. In den Annali 2, S. 101 findet man die Richtungscosinus der Flächennormalen, die der Tangenten, Haupt- und Binormalen der Schnittkurven der Flächen des Systems, sowie die Hauptkrümmungsradien der Flächen. Schließlich ergeben sich durch umfangreiche Rechnungen auf S. 285 die 6 den Gleichungen von Lamé entsprechenden für ein allgemeines

$$ds^2 = \varepsilon_1^2\,du^2 + \varepsilon_2^2\,dv^2 + \varepsilon_3^2\,dw^2 + 2\,(f_3\,du\,dv + f_2\,du\,dw + f_1\,dv\,dw),$$

das für $f_1 = f_2 = f_3 = 0$ in die Formeln von Lamé übergeht.

Die Abhandlungen von Codazzi in den Annali 4, 5 beziehen sich auf eine ihm unbekannt gebliebene frühere Arbeit des Abbé Aoust. In der Tat hat Aoust schon Annali, Serie I, 6, S. 65, 1864 (Marseille 1862) das dreifache System behandelt. Da die Methode der Differentialparameter von Lamé hier nicht mehr anwendbar ist, führte er den Begriff der „courbure inclinée" (vgl. über denselben die Angaben von Aoust in den Annali Serie II, 2, S. 40) und erhielt so ebenfalls 6 den Gleichungen von Lamé entsprechende. Ob damit ein wesentlicher Fortschritt erreicht ist, mag dahin gestellt bleiben, da man doch in jedem einzelnen Falle zu den Hauptkrümmungsradien der Flächen zurückkehren wird; die Frage nach dem hinreichenden Charakter der Gleichungen wird nicht berührt.

In der ausgezeichneten Arbeit von E. Christoffel (Über homogene Differentialausdrücke zweiten Grades bei n Variablen $x_1, x_2, \ldots, x_n$, Journal von Crelle, Bd. 70), wird von der Unabhängigkeit der dritten Ableitungen von der Reihenfolge der x ausgiebiger Gebrauch gemacht (vgl. auch die Abhandlung von R. Lipschitz, Crelle 72), aber die Hauptfrage ist dort auf den invarianten Charakter der Bedingungen für die Möglichkeit gerichtet, zwei verschiedene Differentialausdrücke dieser Art in x und y ineinander zu transformieren.

Teil II.

Flächen mit durch Quadraturen bestimmbaren Minimalkurven.

§ 1.

Allgemeine Differentialgleichung.

Sind die rechtwinkeligen Koordinaten einer Fläche Funktionen zweier Variabeln u, v und auf ihre Minimalkurven u, v bezogen, so ist

$$1)\qquad \begin{cases} x_u = (1-\lambda^2)\sigma, & y_u = i(1+\lambda^2)\sigma, \quad z_u = 2\lambda\sigma, \\ x_v = (1-\lambda'^2)\sigma', & y_v = i(1+\lambda'^2)\sigma', \quad z_v = 2\lambda'\sigma'; \end{cases}$$

λ, λ'; σ, σ' sind dabei Funktionen von u, v.

Aus den Integrabilitätsbedingungen von 1)

$$\sigma_v(1-\lambda^2) - 2\lambda\lambda_v\sigma = \sigma'_u(1-\lambda'^2) - 2\lambda'\lambda'_u\sigma',$$
$$\sigma_v(1+\lambda^2) + 2\lambda\lambda_v\sigma = \sigma'_u(1+\lambda'^2) + 2\lambda'\lambda'_u\sigma',$$
$$\lambda_v\sigma + \lambda\sigma_v = \lambda'_u\sigma + \lambda'\sigma'_u$$

erhält man durch Addition und Subtraktion der beiden ersten

$$2)\qquad \sigma_v = \sigma'_u,$$

$$3)\qquad \sigma_v(\lambda^2 - \lambda'^2) + 2\lambda\lambda_v\sigma - 2\lambda'\lambda'_u\sigma' = 0,$$

und daher aus der letzten

$$4)\qquad \lambda_v\sigma - \lambda'_u\sigma' = \sigma_v(\lambda' - \lambda).$$

Der Fall $\lambda' - \lambda = 0$ hat auszuscheiden, weil durch die Gleichungen

$$\frac{x_u}{x_v} = \frac{y_u}{y_v} = \frac{z_u}{z_v}$$

nur eine Kurve dargestellt würde. Aus den Gleichungen 2, 3, 4 folgt jetzt

$$5)\qquad \lambda_v\sigma(\lambda - \lambda') + \lambda'_u\sigma'(\lambda - \lambda') = 0$$

oder, nach der eben gemachten Bemerkung

$$\mathrm{I})\qquad \begin{cases} \lambda_v\sigma + \lambda'_u\sigma' = 0, \\ \lambda_v\sigma - \lambda'_u\sigma' = \sigma_v(\lambda' - \lambda), \\ \sigma = \Theta_u, \quad \sigma' = \Theta_v \end{cases}$$

und nach der ersten Gleichung von I)

$$6)\qquad \Theta_u = \lambda'_u \zeta, \quad \Theta_v = -\lambda_v \zeta$$

mit ζ als einer neuen Unbekannten Funktion von u, v. Aus I) erhält man jetzt durch Addition der beiden ersten Gleichungen nach 6)

$$2\lambda_v \lambda'_u \zeta = (\lambda' - \lambda)\Theta_{uv} = (\lambda'_{uv}\zeta + \lambda'_u \zeta_v)(\lambda' - \lambda),$$
$$-2\lambda'_u \lambda_v \zeta = -(\lambda' - \lambda)\Theta_{vu} = (\lambda_{vu}\zeta + \lambda_v \zeta_u)(\lambda' - \lambda).$$

Löst man diese Gleichungen nach den $\zeta_u : \zeta$, $\zeta_v : \zeta$ auf, so folgt

$$\text{II)}\qquad \begin{aligned} \frac{2\lambda_v}{\lambda' - \lambda} - \frac{\lambda'_{uv}}{\lambda'_u} &= \frac{\zeta_v}{\zeta}, \\ -\frac{2\lambda'_u}{\lambda' - \lambda} - \frac{\lambda_{uv}}{\lambda_v} &= \frac{\zeta_u}{\zeta}. \end{aligned}$$

Durch Elimination von ζ ergibt sich die Gleichung

$$\text{III)}\qquad \frac{\partial}{\partial u}\left(\frac{2\lambda_v}{\lambda' - \lambda} - \frac{\lambda'_{uv}}{\lambda'_u}\right) + \frac{\partial}{\partial v}\left(\frac{2\lambda'_u}{\lambda' - \lambda} + \frac{\lambda_{uv}}{\lambda_v}\right) = 0$$

oder

$$\frac{2(\lambda_{uv} + \lambda'_{uv})}{\lambda' - \lambda} + \frac{2(\lambda_u \lambda_v - \lambda'_u \lambda'_v)}{(\lambda' - \lambda)^2} = \frac{\partial}{\partial u}\left(\frac{\lambda'_{uv}}{\lambda'_u}\right) - \frac{\partial}{\partial v}\left(\frac{\lambda_{uv}}{\lambda_v}\right).$$

Von dieser partiellen Differentialgleichung dritter Ordnung zwischen λ und λ' hängt demnach die Bestimmung der Flächen mit Minimalkurven der verlangten Eigenschaft ab; denn für zusammengehörige Werte von λ und λ' als Funktionen von u, v erhält man durch Quadratur aus II) die Unbekannte ζ, dann nach 6) Θ und σ, σ', endlich aus 1) x, y, z selbst.

Der Fall $\lambda = \lambda'$ war beständig auszuschließen, dagegen kann $\lambda + \lambda' = 0$ sein.

An Stelle der allgemeinen Gleichungen I) tritt dann

$$\lambda_v \Theta_u = -\lambda \Theta_{uv},$$
$$\lambda_u \Theta_v = -\lambda \Theta_{uv}$$

oder

$$\frac{\lambda_v}{\lambda} = -\frac{\Theta_{uv}}{\Theta_u}, \quad \frac{\lambda_u}{\lambda} = -\frac{\Theta_{uv}}{\Theta_v},$$

also

$$\frac{1}{\lambda} = \frac{\Theta_u}{\frac{\partial U}{\partial u}} = \frac{\partial \Theta}{\partial U}, \quad \frac{1}{\lambda} = \frac{\Theta_v}{\frac{\partial V}{\partial v}} = \frac{\partial \Theta}{\partial V},$$

wo nun U, V willkürliche Funktionen von u, v sind, so daß endlich

$$\Theta = F(U + V),$$
$$\lambda = \frac{1}{F'(U + V)}$$

mit F als willkürlicher Funktion von $U + V$ wird. Führt man an Stelle von u, v die Variabeln U, V ein und schreibt der Einfachheit halber wieder u, v, so erhält man

a) $$\frac{z}{2} = u - v;$$

für x folgt jetzt

b) $$x = F(u + v) - \int \frac{d(u + v)}{F'(u + v)} = F(s) - \int \frac{ds}{F'(s)}, \quad s = u + v,$$

womit auch y gegeben ist[1]). Wegen $\lambda + \lambda' = 0$ ist aber die Fläche abwickelbar[2]) und man erhält zur Ebene $s = 0$ senkrechte Zylinder. Mit der allgemeinen Betrachtung der Gleichung III), in der λ' willkürlich angenommen werden kann, werde ich mich hier nicht beschäftigen. Partikuläre Lösungen derselben sind leicht anzugeben.

§ 2.

Einführung Laplace'scher Gleichungen.

Man kann die Gleichung III) durch ein einfacheres System von Gleichungen ersetzen. Aus I) des § 1 erhält man

a) $$2\,\lambda_v = (\lambda' - \lambda)\,\frac{\sigma_v}{\sigma},$$

b) $$2\,\lambda'_u = -(\lambda' - \lambda)\,\frac{\sigma_v}{\sigma'}, \quad \sigma_v = \sigma'_u.$$

Hieraus folgt die Gleichung für λ

1) $$2\,\lambda_{vu} + \lambda_v\,\frac{\sigma_v}{\sigma'} + \lambda_u\,\frac{\sigma_v}{\sigma} - 2\,\lambda_v\,\frac{\partial}{\partial u}\log\left(\frac{\sigma_v}{\sigma}\right) = 0,$$

2) $$\lambda' = 2\,\lambda_v\,\frac{\sigma}{\sigma_v} + \lambda.$$

Für jede Lösung von 1) sind nun die beiden Gleichungen a), b) erfüllt, wenn λ' aus 2) entnommen wird. Dies ist fast unmittelbar evident, der Beweis ergibt sich aber auch sofort durch Differentiation von 2) nach u, so daß

3) $$-\lambda'_u\,\frac{\sigma_v}{\sigma} + 2\,\lambda_{vu} - 2\,\lambda_v\,\frac{\partial}{\partial u}\log\left(\frac{\sigma_v}{\sigma}\right) + \lambda_u\,\frac{\sigma_v}{\sigma} = 0.$$

Durch Subtraktion von 1) und 3) erhält man

$$\sigma_v(\lambda_v\,\sigma + \lambda'_u\,\sigma') = 0$$

und daraus folgt, daß, abgesehen von dem Falle $\sigma_v = 0$, der für a), b) keine wesentliche Bedeutung hat, die Gleichung

$$\lambda_v\,\sigma + \lambda'_u\,\sigma' = 0$$

identisch besteht, also a) und b) zugleich befriedigt sind.

---

1) Siehe den Schluß von § 3. 2) Siehe später.

Man kann sich nun sofort davon überzeugen, daß die Ausdrücke

$$\frac{z}{2} = \int \lambda \sigma \, du + \int \lambda' \sigma' \, dv,$$
$$Z = \int \lambda^2 \sigma \, du + \int \lambda'^2 \sigma' \, dv$$

den Bedingungen der Integrabilität genügen. Denn für $\frac{z}{2}$ ist diese

$$\lambda_v \sigma + \lambda \sigma_v = \lambda'_u \sigma' + \lambda' \sigma'_u$$

und dies ist dasselbe wie

a) $$2 \lambda_v \sigma = (\lambda' - \lambda) \sigma_v.$$

Bei Z handelt es sich um die Bedingung

$$2 \lambda \lambda_v \sigma + \lambda^2 \sigma_v = 2 \lambda' \lambda'_u \sigma' + \lambda'^2 \sigma'_u$$

oder nach I) § 1

$$2 \lambda_v \sigma (\lambda + \lambda') = (\lambda'^2 - \lambda^2) \sigma_v$$

und diese Gleichung besteht ebenfalls identisch. Die Bestimmung von $\frac{z}{2}$ und Z erfolgt am einfachsten durch die Ansätze

$$\frac{z}{2} = \int \lambda \sigma \, du + \zeta, \quad Z = \int \lambda^2 \sigma \, du + \zeta',$$

wobei ζ und ζ' als Funktionen von v allein aus den Gleichungen

$$\frac{\partial z}{\partial v} = 2 \lambda' \sigma', \quad \frac{\partial Z}{\partial v} = \lambda'^2 \sigma'$$

zu entnehmen sind. Die Werte von ζ_v und ζ'_v ergeben sich oft erst nach weiterer Betrachtung, die durch den vorstehenden Satz erleichtert werden kann.

Endlich sei noch die Bemerkung hinzugefügt, daß die Differentialgleichung für λ' aus 1) entsteht, wenn man gleichzeitig λ mit λ', u mit v, σ mit σ' vertauscht.

Durch die Laplacesche Gleichung 1) wird man zur Betrachtung ihrer Invarianten J_1 und J_2 veranlaßt. $J_2 = 0$ erfordert weitere Betrachtung. $J_1 = 0$ dagegen gibt nur $\sigma_v = 0$. Dies ist eine ganz besondere Lösung, die nur auf die allgemeinen Minimalflächen führt. Dann wird

$$\sigma = U, \quad \sigma' = V$$

und nach a), b)

$$\lambda = U_1, \quad \lambda' = V_1.$$

In diesem Falle wird die Fläche nicht abwickelbar, sie ist die allgemeine Minimalfläche. Diese Betrachtung führt sofort zu einer neuen Theorie der Minimalflächen, die nach Enneper und Weierstraß durch die sphärische Abbildung derselben oder verwandte Überlegungen (z. B. Beltrami) begründet wird. Aus § 1 folgt nämlich

$$x_u = (1 - U_1)^2 U, \quad y_u = i(1 + U_1^2) U, \quad z_u = 2 U U_1,$$
$$x_v = (1 - V_1^2) V, \quad y_v = i(1 + V_1^2) V, \quad z_v = 2 V V_1.$$

Wählt man jetzt $U_1 = u_1$, $V_1 = v_1$ als neue Variabeln, so hat man die bekannten Formeln

$$x = \int (1 - u_1^2)\, U_1\, du_1 + \int (1 - v_1^2)\, V_1\, dv_1,$$
$$y = i \int (1 + u_1^2)\, U_1\, du_1 + i \int (1 + v_1^2)\, V_1\, dv_1,$$
$$z = 2 \int U_1\, u_1\, du_1 + 2 \int V_1\, v_1\, dv_1,$$

wo allerdings die U_1, V_1 eine etwas andere Bedeutung als die unmittelbar vorher gebrauchten U_1, V_1 haben.

Hieraus folgt freilich noch nicht, daß die x, y, z die allgemeinste Minimalfläche geben, da für λ und λ' die besonderen Werte vorausgesetzt sind. Aus dem Werte von $ds^2 = 2 f\, du\, dv$ und der Bedingung der Minimalflächen

$$-2 D' f = 0$$

folgt aber $D' = 0$. Für

$$D' = \begin{vmatrix} x_{uv} \\ x_u \\ x_v \end{vmatrix}\ ^{1)}$$

ergibt sich aber durch Subtraktion der zweiten mit $\frac{\sigma_u}{\sigma}$ multiplizierten Reihe von der ersten und Addition der zweiten Kolonne

$$D' = 4 \sigma \sigma^2 \sigma' (\lambda' - \lambda)^2 \lambda_v .$$

Da σ und σ' nicht Null sind und auch $\lambda' - \lambda \neq 0$, muß $\lambda_v = 0$ sein; daher wird man auf den Ansatz $\lambda = U_1$, $\lambda' = V_1$ geführt.

§ 3.
Partikuläre Lösungen der Gleichung III des § 1.

Partikuläre Lösungen von III) § 1 sind

1) $$\lambda = V, \qquad \lambda' = U,$$

2) $$\lambda = U + V, \quad \lambda' = \frac{U}{k} + Vk,$$

wo U, V willkürliche Funktionen von u, v bezüglich sind und k eine Konstante bedeutet.

Für den Fall 1) ist nun nach II) § 1

$$\frac{\zeta_v}{\zeta} = \frac{2V'}{U - V}, \quad \frac{\zeta_u}{\zeta} = -\frac{2U'}{U - V}.$$

Führt man an Stelle der Variabeln U, V die Variabeln u, v ein, so hat man

$$\zeta = \frac{a}{(u - v)^2}, \quad \sigma = \Theta_u = \frac{a}{(u - v)^2}, \quad \sigma' = \Theta_v = -\frac{a}{(u - v)^2},$$

---

[1]) Siehe die Erklärung der Bezeichnung S. 8, Teil I.

also $z = -\frac{2ua}{u-w}$, wobei die willkürliche Integrationskonstante fortgelassen werden kann, und ebenso wird

$$x = a\frac{(uv-1)}{u-v}, \quad y = -ia\frac{(uv+1)}{u-v}.$$

Demnach wird

$$x^2 + y^2 + (z+a)^2 = a^2,$$

dies ist die Gleichung einer **Kugel** vom Radius a (a reell oder komplex).

Fall 2. Der Ansatz $\lambda = u + v$, $\lambda' = \frac{u}{k} + vk$ erfordert etwas mehr Rechnung. Aus den Gleichungen II) des § 1 erhält man

$$\zeta = \left(v - \frac{u}{k}\right)^{\frac{2}{k-1}}$$

und durch eine Reihe partieller Integrationen

$$x = \left(v - \frac{u}{k}\right)^{\frac{k+1}{k-1}} \frac{k-1}{k+1}\left\{-1 + u^2\left(\frac{1}{k} + \frac{(k-1)^2}{k(3k-1)}\right) + uv\left(k + \frac{2(k-1)^2}{k(3k-1)}\right) + v^2\left(k + \frac{k(k-1)^2}{3k-1}\right)\right\},$$

da sich ζ'_v gleich Null erweist, was übrigens schon von vornherein vorauszusehen war. Man übersieht leicht, daß auch bei der Bestimmung von $\frac{z}{2}\, \zeta_v = 0$ wird; übrigens gibt die direkte Rechnung durch partielle Integration

$$z = -(k-1)\left(v + \frac{u}{k}\right)\left(v - \frac{u}{k}\right)^{\frac{k+1}{k-1}}.$$

Ist endlich x bereits bestimmt, so ergibt sich y unmittelbar, so daß weiterhin immer nur die Werte von z und Z angegeben werden sollen. Denn man hat

$$x_u - y_u i = 2\sigma,$$
$$x_v - y_v i = 2\sigma_1,$$

woraus $x - yi = 2\Theta$ (additive Konstanten werden immer fortgelassen). In dem speziellen hier betrachteten Falle 2) ist nach 6), § 1

$$\Theta = -\left(v - \frac{u}{k}\right)^{\frac{k+1}{k-1}} \frac{k-1}{k+1}.$$

§ 4.

Lösungen der Laplace'schen Gleichungen.

Es handelt sich jetzt um Lösungen der Gleichungen a), b) in § 2. Zunächst möge wieder ein spezieller Fall betrachtet werden, nämlich die Voraussetzung

$$\sigma = a\sigma' + k,$$

wo a und k Konstanten sind. Da jetzt

$$\sigma_u = a\sigma'_u = a\sigma_v$$

wird, so ist

$$\sigma = f(au + v)$$

für f als willkürliche Funktion des Arguments $au + v$. Setzt man nun

$$au = u_1, \quad v = v_1,$$

so wird

$$\sigma = f(u_1 + v_1), \quad \sigma_v = f'(u_1 + v_1), \quad \sigma' = \frac{\sigma - k}{a};$$

die Gleichungen a), b) werden also

$$2\lambda_{v_1} = (\lambda' - \lambda)\frac{f'}{f},$$

$$2\lambda'_{u_1} a = -(\lambda' - \lambda)\frac{f' a}{f - k},$$

oder, bei Weglassung der Indices,

$$1) \qquad \begin{aligned} 2\lambda_v &= (\lambda' - \lambda)\frac{f'}{f}, \\ 2\lambda'_u &= -(\lambda' - \lambda)\frac{f'}{f - k} \end{aligned}$$

und die Differentialgleichung 1) des § 2 wird

$$(2) \qquad \lambda_{vu} + \lambda_u \frac{f'}{2f} + \lambda_v \left(\frac{f'}{2(f-k)} - \frac{\partial}{\partial u}\log\left(\frac{f'}{f}\right)\right) = 0,$$

in der für die Koeffizienten von λ_u, λ_v von 2)

$$3) \qquad A = \frac{f'}{2f}, \quad B = -\frac{\partial}{\partial u}\log\left(\frac{f'}{f\sqrt{f-k}}\right)$$

gesetzt werden mag. Die Gleichung 2) läßt einfache, willkürliche Funktionen enthaltende Lösungen zu, wenn entweder

$$B = 0$$

ist, oder die Invariante

$$4) \qquad J_2 = \frac{\partial B}{\partial v} + AB = 0$$

ist. Weitere Fälle können aus verschiedenen Gründen hier nicht berücksichtigt werden. Für $J_2 = 0$ folgt

$$\frac{a}{\sqrt{f}} = -\frac{\partial}{\partial u}\log\left(\frac{f'}{f\sqrt{f-k}}\right)$$

und hieraus wird

$$5) \qquad \frac{f'}{f\sqrt{f-k}} = -\frac{2a}{k}\left(\sqrt{\frac{f-k}{f}} + c\right)$$

mit den Konstanten a und c, oder

$$6) \qquad \left\{\frac{df}{\sqrt{f}} - c\frac{df}{\sqrt{f-k}}\right\}\frac{1}{f(1-c^2) - k} = -2a\frac{ds}{k}, \quad u + v = s.$$

Dies ist die allgemeine Gleichung zur Bestimmung von f, die unter verschiedenen weiteren Voraussetzungen auszuführen ist. Wird hier $k = -\varkappa^2$ [1]), und im ersten Teil links $f = z^2$, im zweiten $f = \zeta^2 - \varkappa^2$ gesetzt, so erhält man

$$7) \qquad \operatorname{arctg}\left(\frac{z}{\varkappa}\sqrt{1-c^2}\right) - \operatorname{arctg}\zeta\,\frac{\sqrt{1-c^2}}{\varkappa c} = \frac{a}{k}\left(s\sqrt{1-c^2} + c_1\right) = w$$

mit c_1 als neuer Konstante.

Für $u = z\,\dfrac{\sqrt{1-c^2}}{\varkappa}$, $v = \zeta\,\dfrac{\sqrt{1-c^2}}{c\varkappa}$ wird

$$u^2 + 1 = \frac{(1-c^2)f + \varkappa^2}{\varkappa^2}, \quad v^2 + 1 = \frac{f(1-c^2) - \varkappa^2}{\varkappa^2 c^2}$$

und nach 7)

$$\frac{u - v}{1 + uv} = \operatorname{tg} w,$$

also

$$\frac{(u^2+1)(v^2+1)}{(1+uv)^2} = \frac{1}{\cos^2 w}.$$

Setzt man noch $\dfrac{1}{\cos w} = a$, so ergibt sich nach den letzten Bemerkungen

$$(8) \qquad a^2\left(f(1-c^2) + \varkappa^2\right)^2 = \left(\varkappa^2 c \pm (1-c^2)\sqrt{f(f+\varkappa^2)}\right)^2.$$

In dieser Gleichung läßt sich die Quadratwurzel sofort beseitigen; so erhält man eine quadratische Gleichung für $\xi = (1-c^2)f$, deren Wurzeln damit gegeben sind. Damit sind nun auch λ, λ'; σ, σ' bestimmt. Da indessen dazu umfangreichere Rechnungen nötig sind, so mag die weitere Ausführung der Kürze halber unterbleiben.

Die vorigen Betrachtungen verlangen aber eine besondere Prüfung für die Fälle $c = \pm 1$, $k = 0$, $c = 0$, die zugleich zu einfacheren Resultaten führen.

I) Der Fall $c = 0$. Die Gleichung 5) wird jetzt

$$\frac{f'}{(f-k)\sqrt{f}} = -\frac{2a}{k}$$

oder für $f = z^2$, $k = -\varkappa^2$

$$z = \varkappa \operatorname{tg}\frac{a(s+c)}{\varkappa}, \quad \text{oder } f = \varkappa^2 \operatorname{tg}^2 \frac{a(s+c)}{\varkappa}.$$

Aus der Gleichung

$$\lambda_{vu} + \lambda_v \frac{f'}{2f} + \lambda_v B = 0$$

erhält man wegen $J_2 = 0$

[1]) Diese Substitution ist gewählt, um trigonometrische Funktionen zu erhalten, bei $k = +\varkappa^2$ würden hyperbolische an die Stelle treten. Ähnlich ist es bei manchen der folgenden Fälle.

$$\lambda_u + \lambda B = \frac{U}{\sqrt{f}},$$

mit U als willkürlicher Funktion von u, und aus $\int B\,du = \log(\sin)$

9) $$\lambda \sin = \int U \cos du + V,$$

wobei sin, cos das Argument $\frac{a(s+c)}{\varkappa}$ haben.

II) Der Fall $k = 0$. Für

$$B = \frac{a}{\sqrt{f}} = -\frac{\partial}{\partial u} \log \frac{f'}{f\sqrt{f}}$$

wird

$$a + cf = \frac{f'}{\sqrt{f}}$$

mit der willkürlichen Konstanten c. Mit $c = a\varkappa^2$ wird also

$$f = \frac{1}{\varkappa^2} \operatorname{tg}^2 \frac{a\varkappa}{2}(s + c_1)$$

und schließlich

10) $$\lambda \sin^2 = \int U \sin \cos du + V$$

mit dem Argumente $\frac{a\varkappa}{2}(s+c)$ der Funktionen sin und cos.

Fall III). Nimmt man die Konstante c in II) gleich Null, so wird

$$a = \frac{f'}{\sqrt{f}}, \quad f = \left(\frac{a}{2}s + c\right)^2$$

und zugleich wird

11) $$\lambda(as + c_1)^2 = \int U(as + c_1)\,du + V$$

mit c_1 als neuer Konstanten.

IV) Der Fall $c = \pm 1$. Die Gleichung 6) wird

$$\frac{f'}{\sqrt{f}} \mp \frac{f'}{\sqrt{f-k}} = 2a$$

und für $f = z^2$, $f = k + \zeta^2$ wird jetzt

$$dz \mp d\zeta = as + c$$

oder

12) $$f = \frac{[k + (as + c)^2]^2}{4(as + c)^2}.$$

Dies sind alle Fälle, die sich für $J_2 = 0$ ergeben. Man kann die Gleichung 1) aber auch integrieren für $B = 0$. Dann hat man

V) $$\frac{f'}{f\sqrt{f-k}} = 2a, \text{ oder für } f = k + z^2, \ k = \varkappa^2$$

13) $$f = \frac{\varkappa^2}{\cos^2},$$

also

14) $$\lambda = \int U \cos du + V$$

mit dem Argument $a\varkappa(s + c)$ von cos.

VI) Für $k = 0$ ergibt sich für $f = z^2$, $z = \frac{1}{as + c}$, $f = \frac{1}{(as+c)^2}$,

also

15) $$\lambda = \int U(as + c)\, du + V.$$

Es würde zu weit führen, alle diese Fälle zu behandeln, die zum Teil noch weitere Rechnungen erfordern. Ich beschränke mich auf die einfachsten III, V, VI. Dabei ist immer $f = \sigma$ zu nehmen.

a) **Fall III.** Hier ist (c_1 durch c ersetzt)

$$\lambda = \frac{1}{(as+c)^2}\left(\int U(as+c)\,du + V\right), \quad f = (as+c)^2,$$

also

1) $$\frac{z}{2} = \int du\left(\int U(as+c)\,du + V\right) + \zeta,$$

2) $$\frac{1}{2}\frac{\partial z}{\partial v} = \int du\left(\int Ua\,du + V'\right) + \zeta_v = \int d(as+c)\int U du + V'u + \zeta_v$$

oder durch partielle Integration des doppelten Integrals

$$= (as+c)\int U du - \int (as+c)\,U du + V'u + \zeta_v.$$

Vergleicht man diesen Wert mit

3) $$\lambda' f = \lambda'(as+c)^2 = (as+c)\int U du + \frac{V'}{a}(as+c) - \int U(as+c)\,du - V,$$

so ergibt sich

$$\zeta_v = V'\left(v + \frac{c}{a}\right) - V,$$

womit $\frac{z}{2}$ bekannt ist.

Durch eine analoge Rechnung mittels partieller Integration findet man

$$Z = \int \lambda^2 f du + \frac{1}{a^2} V'^2 dv, \quad \text{da } \zeta'_v = \frac{V'^2}{a^2} \text{ wird.}$$

b) **Fall VI.** Für $\lambda = \int U(as+c)\,du + V$, $f = \frac{1}{(as+c)^2}$ wird

1) $$\frac{z}{2} = \int \lambda f du + \zeta = -\frac{\lambda}{a(as+c)} + \int \frac{U}{a} du + \zeta,$$

2) $$\frac{1}{2}\frac{\partial z}{\partial v} = \frac{\lambda}{(as+c)^2} - \frac{\lambda_v}{a(as+c)} + \zeta_v$$

und aus dem Werte von $\lambda' = -\lambda_v \frac{(as+c)}{a} + \lambda$ folgt

3) $$\lambda' f = -\frac{\lambda_v}{a(as+c)} + \frac{\lambda}{(as+c)^2},$$

so daß $\zeta_v = 0$ wird, also

$$\frac{z}{2} = -\frac{\lambda}{a(as+c)} + \int \frac{U}{a} du$$

wird, da die Integrationskonstante fortgelassen werden kann.

Es wird ferner

4) $$Z = \int \lambda^2 f du + \zeta' = -\frac{\lambda^2}{a(as+c)} + \frac{2}{a}\int du \lambda \int U du + \zeta',$$

5) $$\frac{\partial z}{\partial v} = \frac{\lambda^2}{(as+c)^2} - \frac{2\lambda\lambda_v}{a(as+c)} + \frac{2}{a}\int U du \left(\int U du + V'\right) + \zeta'_v,$$

6) $$\lambda'^2 f = \frac{\lambda^2}{(as+c)^2} - \frac{2\lambda\lambda_v}{a(as+c)} + \frac{1}{a}\lambda_v^2.$$

Wird für λ_v sein Wert eingesetzt, so ergibt sich aus 5), 6)

$$Z = -\frac{\lambda^2}{a(as+c)} + \frac{2}{a}\int du \lambda \int U du + \frac{1}{a^2}\int V'^2 dv, \quad \text{da } \zeta'_v = \frac{V'^2}{a^2}.$$

c) **Fall V.** Aus $\lambda = \int U \cos du + V$, $f = \sigma = \varkappa^2 : \cos^2$, $f - \varkappa^2 = \varkappa^2 \operatorname{tg}^2$, jeweils mit dem Argument $a\varkappa(s+c)$, folgt

$$\frac{z}{2} = \int \frac{\varkappa^2}{\cos^2} du \lambda + \zeta.$$

Durch partielle Integration erhält man

1) $$\frac{z}{2} = \frac{\varkappa\lambda \operatorname{tg}}{a} - \frac{\varkappa}{a}\int U \sin du + \zeta,$$

2) $$\frac{1}{2}\frac{\partial z}{\partial v} = \frac{\varkappa^2\lambda}{\cos^2} + \frac{\varkappa}{a}\lambda_v \operatorname{tg} - \varkappa^2 \int U \cos du + \zeta_v.$$

Anderseits ist

3) $$\lambda' \sigma' = \left(\lambda_v \frac{\operatorname{cotg}}{a\varkappa} + \lambda\right) \varkappa^2 \operatorname{tg}^2.$$

Ersetzt man in 2) noch $\int U \cos du$ durch $\lambda - V$, so zeigt die Vergleichung der beiden Werte 2) und 3)

$$\zeta_v = -V\varkappa^2,$$

so daß

$$\frac{z}{2} = \varkappa \frac{\lambda}{a} \operatorname{tg} - \frac{\varkappa}{a}\int U \sin du - \varkappa^2 \int V dv.$$

Durch ähnliche etwas weitläufigere Umformungen erhält man endlich

$$Z = \frac{\varkappa \lambda^2}{a} - \frac{2\varkappa}{a^2}\int \sin\lambda\, U\, du + \int\left(\frac{V'^2}{a^2} - \varkappa^2 V\right) dv;\quad \zeta'_v = \frac{V'^2}{a^2} - \varkappa^2 V$$

und durch die angegebenen Werte sind für die drei Fälle die Werte von x, y, z gegeben.

Im folgenden werden noch einige weitere Fälle angeführt, die sich durch einfache Resultate auszeichnen.

A) Für $\sigma_v = \sigma'_u = c$, $\sigma = cv$, $\sigma' = cu$ erhält man die Gleichung

$$2\lambda_{vu} + \frac{\lambda_v}{u} + \frac{\lambda_u}{v} = 0$$

mit der partikulären Lösung

$$\lambda = u^{\alpha} v^{\beta}, \quad \text{wenn } \beta = -\frac{\alpha}{2\alpha + 1}.$$

Es wird dann

$$\lambda' = u^{\alpha} v^{\beta}(2\beta + 1), \quad 2\beta + 1 = \frac{1}{2\alpha + 1}.$$

Für diese Werte von λ, λ' wird die Funktionaldeterminante derselben gleich Null, so daß sich nur abwickelbare Flächen ergeben. Aber schon für die Summe von zwei Werten der λ und λ', die zu verschiedenen Werten von α_1, β_1; α_2, β_2 gehören, ist dies nicht mehr der Fall, denn jene Determinante wird dann

$$-u^a v^b \frac{(\alpha_2 - \alpha_1)^2}{(2\alpha_1 + 1)^2 (2\alpha_2 + 1)^2}, \quad \text{wobei } a = \alpha_1 + \alpha_2 - 1,\ b = \beta_1 + \beta_2 - 1;$$

man kann also

$$\lambda = \sum_{i=1}^{i=n} u^{\alpha_i} v^{\beta_i}, \quad \lambda_1 = \sum_{i=1}^{i=n} \frac{u^{\alpha_i} v^{\beta_i}}{2\alpha_i + 1}$$

und noch allgemeiner

$$\lambda = \sum_{i=1}^{i=n} \int u^{\alpha_i} v^{\beta_i} F_i(\alpha_i)\, d\alpha_i, \quad \lambda_1 = \sum_{i=1}^{i=n} \int \frac{u^{\alpha_i} v^{\beta_i}}{2\alpha_i + 1} F_i(\alpha_i)\, d\alpha_i$$

setzen.

B) Setzt man für $\sigma = f(u + v)$ in den Gleichungen

$$2\lambda_v f = f'(\lambda' - \lambda), \quad 2\lambda'_u f = -f'(\lambda' - \lambda),$$

$$\lambda = \varphi_u, \quad \lambda'_u = -\varphi_v,$$

so reduzieren sie sich auf die einzige Gleichung

1) $$2\varphi_{uv} + (\varphi_u + \varphi_v)\frac{f'}{f} = 0.$$

Ist nun $f = (u + v)^n$, wo n eine reelle oder komplexe Konstante, so hat man

2) $$2\varphi_{uv} + (\varphi_u + \varphi_v)\frac{n}{u + v} = 0$$

mit der partikulären Lösung

$$\varphi = (u - a)^{\frac{n}{2}} (v + a)^{\frac{n}{2}}$$

oder allgemeiner

$$\varphi = \sum_{i=1}^{i=k} \int (u - a_i)^{\frac{n}{2}} (v + a_i)^{\frac{n}{2}} F_i(a_i)\, d a_i$$

mit den willkürlichen Konstanten a_i, über welche die Integration zu erstrecken ist.

In dem besonderen Falle $n = 2$ läßt sich die Gleichung 2) allgemein integrieren, man erhält

$$\varphi = \frac{U + V}{u + v}$$

mit den willkürlichen Funktionen U, V und man findet nach einfacher Rechnung

$$\frac{z}{2} = (U - V)(u - v) + 2\int V dv - 2\int U du,$$

$$Z = \int U'^2 du + \int V'^2 dv - \frac{(U + V)^2}{u + v}.$$

C) Endlich mag noch der Fall erwähnt werden, wo in B) unter 1) $f' = 2af$ gesetzt wird. Es bleibt dann die Gleichung

$$\varphi_{uv} + a(\varphi_v + \varphi_u) = 0$$

zu integrieren. Eine partikuläre Lösung ist

$$\varphi = e^{\alpha u + \beta v} \text{ für } \beta = -\frac{a\alpha}{a + \alpha}.$$

Auch hier verschwindet allerdings die Funktionaldeterminante von λ und λ'. Eine allgemeinere Lösung, bei der dies nicht der Fall ist, wird

$$\varphi = \sum_{i=1}^{i=n} \int e^{\alpha_i u + \beta_i v} F_i(\alpha_i)\, d\alpha_i,$$

woraus sich nach B) wieder die Werte von λ, λ' ergeben.

§ 5.

Weitere partikuläre Lösungen.

In den bisherigen Lösungen traten oft nur höchstens zwei willkürliche Funktionen U, V auf. Man kann aber auch solche mit vier solchen Funktionen angeben.

Wir gehen dazu aus von der allgemeinen Gleichung des § 2, 1)

1) $$\lambda_{uv} + \lambda_u \frac{\sigma_v}{2\sigma} + \lambda_v \left(\frac{\sigma_v}{2\sigma_1} - \frac{\partial}{\partial u} \log\left(\frac{\sigma_v}{\sigma}\right)\right) = 0$$

mit den Koeffizienten

$$A = \frac{\sigma_v}{2\sigma}, \quad B = \frac{\sigma_v}{2\sigma_1} - \frac{\partial}{\partial u} \log\left(\frac{\sigma_v}{\sigma}\right).$$

Wird die zweite Invariante $J_2 = \frac{\partial}{\partial v} \log B + A$ der Laplace'schen Gleichung 1) gleich Null gesetzt, so erhält man mittels der Werte $\sigma = \Theta_u$, $\sigma' = \Theta_v$

2) $$B = \frac{U}{\sqrt{\Theta_u}} = \frac{\partial}{\partial u} \log \left(\frac{\sqrt{\Theta_v \Theta_u}}{\Theta_{uv}} \right).$$

Setzt man, um ein einfaches Resultat zu erhalten, die willkürliche Funktion U von u gleich Null, so hat man nach 2)

$$\frac{\Theta_{uv}}{\Theta_u \sqrt{\Theta_v}} = 2\, V$$

mit V als willkürlicher Funktion von V, also

3) $$\sqrt{\Theta_v} = V\Theta + V_1.$$

Zur Lösung dieser Riccatischen Gleichung 3) setze man

$$\frac{\Theta_v}{V^2} = \left(\Theta + \frac{V_1}{V} \right)^2, \quad \text{oder für } V^2 = \frac{\partial V_2}{\partial v};$$

4) $$\frac{\partial \Theta}{\partial V_2} = \left(\Theta + \frac{V_1}{\sqrt{\frac{\partial V_2}{\partial v}}} \right)^2.$$

Wird die rechte Seite gleich p gesetzt, so ist

$$\sqrt{p} = \Theta + \frac{V_1}{\sqrt{\frac{\partial V_2}{\partial v}}},$$

$$\frac{\partial p}{\partial v_2} = 2 \sqrt{p} \left(p + \frac{\partial}{\partial v_2} \left(\frac{V_1}{\sqrt{\frac{\partial V_2}{\partial v}}} \right) \right).$$

Für $\frac{\partial}{\partial v_2} \left(\frac{V_1}{\sqrt{\frac{\partial V_2}{\partial v}}} \right) = \varkappa^2$, wo $\varkappa$ eine Konstante, ist dann V_1 bestimmt, und für $p = z^2$ erhält man jetzt

5) $$z = \varkappa \operatorname{tg} \varkappa (V_2 + U) = \varkappa \operatorname{tg},$$

$$\sigma = \Theta_u = \frac{\varkappa^2}{\cos^2 \varkappa (V_2 + U)} \frac{\partial U}{\partial u} = \frac{\varkappa^2}{\cos^2} \frac{\partial U}{\partial u},$$

$$\sigma' = \Theta_v = \varkappa^2 \operatorname{tg}^2 \varkappa (V_2 + U) \frac{\partial V_2}{\partial v} = \varkappa^2 \operatorname{tg}^2 \frac{\partial V_2}{\partial v},$$

wobei der Kürze wegen wie früher das Argument der trigonometrischen Funktionen, nämlich $\varkappa (V_2 - U)$ nicht beigefügt ist, was bei den folgenden Differentiationen zu berücksichtigen ist.

Aus der Gleichung 1) hat man, da $B = 0$

$$\lambda = \int \frac{U_1\, du}{\sqrt{\sigma}} + V$$

oder, wenn man für σ seinen Wert einsetzt und $\mathring{U} = \frac{U_1}{\frac{\partial U}{\partial u}}$ setzt

6) $$\lambda = \int \frac{\mathring{U}}{\varkappa} \cos du + V;$$

hier sind jetzt $\mathring{U}$, U; V, V_2 vier willkürliche Funktionen der betreffenden Variablen u, v. Dies hätte sich auch auf anderen Wegen erreichen lassen; durch die hier gewählte Darstellung ist aber eine vollständige Analogie mit dem Fall V in § 4, 13), 14) bewirkt.

Aus 6) hat man nun

7) $$\lambda_v = -\int \mathring{U} \frac{\partial V_2}{\partial v} \sin du + V',$$

8) $$\lambda' = -\frac{\operatorname{cotg}}{\varkappa} \int U' \sin du + \frac{V'}{\varkappa} \operatorname{cotg} \frac{1}{\frac{\partial V_2}{\partial v}} + V + \int \frac{\mathring{U}}{\varkappa} \cos du.$$

Aus $\frac{s}{2} = \int \lambda \sigma\, du + \zeta = \int \frac{\varkappa^2}{\cos^2} U' \lambda\, du + \zeta$,

$$\frac{1}{2} \frac{\partial s}{\partial v} = \int \frac{\varkappa^2 U'}{\cos^2} \lambda_v\, du + \int \varkappa^2 U' \frac{\partial \frac{1}{\cos^2}}{\partial v} \lambda\, du + \zeta_v$$

folgt mittels der Identität[1])

$$\frac{1}{\frac{\partial V_2}{\partial v}} \frac{\partial \frac{1}{\cos^2}}{\partial v} = \frac{1}{U'} \frac{\partial \frac{1}{\cos^2}}{\partial u},$$

$$\frac{1}{2} \frac{\partial s}{\partial v} = \varkappa^2 \int \frac{U'\, du}{\cos^2}\left(V' - \int \mathring{U} \sin du \frac{\partial V_2}{\partial v}\right) + \varkappa^2 \int \frac{\partial}{\partial u}\left(\frac{1}{\cos^2}\right) \frac{\partial V_2}{\partial v} du \left[\int \frac{U'}{\varkappa} \cos du + V\right] + \zeta_v$$

und durch partielle Integration erhält man für die rechte Seite

A) $$\varkappa V' \operatorname{tg} - \varkappa \int \operatorname{tg} \mathring{U} \sin \frac{\partial V_2}{\partial v} du + \varkappa \int \mathring{U}\left(\frac{1}{\cos} - \cos\right) \frac{\partial V_2}{\partial v} du$$
$$+ \frac{\varkappa^2}{\cos^2} V \frac{\partial V_2}{\partial v} + \frac{\varkappa^2}{\cos^2} \frac{\partial V_2}{\partial v} \mathring{U} \frac{\cos}{\varkappa} du - \varkappa^2 \int \frac{1}{\cos^2} \frac{\mathring{U}}{\varkappa} \cos \frac{\partial V_2}{d v} du + \zeta_v,$$

wobei sich in A) noch zwei Glieder gegeneinander aufheben. Bringt man jetzt λ' auf die Form

B) $$(\operatorname{tg}^2 + 1) \varkappa^2 \frac{\partial V_2}{\partial v} \int \mathring{U} \frac{\cos}{\varkappa} du - \varkappa^2 \frac{\partial V_2}{\partial v} \int \mathring{U} \frac{\cos}{\varkappa} du + (\operatorname{tg}^2 + 1) \frac{\partial V_2}{\partial v} V \varkappa^2 - V \varkappa^2 \frac{\partial V_2}{\partial v},$$

so folgt durch Vergleichung von A) und B), da alle Glieder bis auf ein einziges übereinstimmen,

[1]) In den Formeln der Z. 8 und 9 v. u. auf S. 48 lies V_2 statt v_2.

$$\zeta_v = -\varkappa^2 V \frac{\partial V_2}{\partial v}$$

und damit ist der Wert von $\frac{z}{2}$ bestimmt. Durch ähnliche, aber weitläufigere Transformationen erhält man für

$$Z = \int \lambda^2 \sigma \, du + \zeta'$$

den Wert

$$\zeta'_v = \frac{V'^2}{\frac{\partial V_2}{\partial v}} - \varkappa^2 V^2 \frac{\partial V_2}{\partial v},$$

so daß zugleich auch x, y durch Quadraturen in Bezug auf u, v vollständig ermittelt sind.

§ 6.
Weitere Bemerkungen.

Die Betrachtungen der letzten Paragraphen geben jedesmal Werte der λ und λ', welche zugleich Lösungen der Differentialgleichung III) des § 1 sind. Kennt man umgekehrt auf einer Fläche bereits die Minimalkurven, so erhält man auch partikuläre Lösungen der Gleichung. Dies ist insbesondere der Fall bei den Kegelflächen, den allgemeinen Abwickelbaren, den Rotationsflächen usw.; die Minimalflächen brauchen hier nicht erwähnt zu werden. In der Tat wird jede Verbiegung der Ebene in eine abwickelbare Fläche die Minimalgeraden der ersten in Minimalkurven der zweiten verwandeln. Es handelt sich hier also nicht um diese selbstverständliche Lösung, sondern um die Ausführung der Rechnung, wenn die Abwickelbare beliebig gegeben ist.

Erstens für die allgemeine Kegelfläche

$$x = u \cos v \cos \psi,$$
$$y = u \cos v \sin \psi,$$
$$z = u \sin v,$$

wo ψ eine Funktion von v allein ist, folgt dies sofort aus der Gleichung

$$ds^2 = du^2 + u^2 (1 + \cos^2 v \cdot \psi'^2) \, dv^2 = (du)^2 + u^2 (d V_1)^2.$$

Die vollständigen Differentiale

$$dp = du \sin V_1 + u \cos V_1 \, d V_1 = d(u \sin V_1),$$
$$dq = du \cos V_1 - u \sin V_1 \, d V_1 = d(u \cos V_1)$$

geben nämlich

$$dp^2 + dq^2 = (du)^2 + u^2 (d V_1)^2 = ds^2$$

und die Minimalkurven der Kegelfläche sind also durch $p \pm iq =$ konst. gegeben.

Zweitens. Das Längenelement der abwickelbaren Fläche, gebildet von den Tangenten einer Raumkurve mit der Bogenlänge u ist

$$(ds)^2 = (dv)^2 + (v - u)^2 \, U^2 \, (du)^2$$

mit U als reciprokem Krümmungsradius der Kurve.

Schreibt man $(ds)^2$ in der Form

$$((v-u)\,U\,du + i\,dv)\,((v-u)\,U\,du - i\,dv),$$

so wird

$$dp + i\,dq = e^{\int \frac{U}{i} du}\, U(v-u)\,du + e^{\int \frac{U}{i} du}\, i\,dv$$

ein vollständiges Differential, denn es ist die Bedingung der Integrabilität

$$e^{\int \frac{U}{i} du}\, U = e^{\int \frac{U}{i} du}\, U$$

erfüllt, und man hat also $(dp)^2 + (dq)^2 = (ds)^2$.

Setzt man noch

$$\int U\,du = U_1,$$

so wird

$$p + iq = \int (\cos U_1 - i \sin U_1)\,(v-u)\,d\,U_1 + \zeta$$

und die weitere Rechnung zeigt, daß $\zeta'_v = 0$ ist. In diesen beiden Beispielen, wie auch in dem folgenden, sind reelle Flächen vorausgesetzt.

Drittens. Für die Rotationsfläche

$$x = U \cos V, \quad y = U \sin V, \quad z = f(U),$$

bei der

1) $$ds^2 = d\,U^2\,(1 + f'^2) + U^2\,d\,V^2$$

sind die Parameter u, v der Minimalkurven, wenn $\sqrt{1 + f'^2} = P$ gesetzt wird,

$$2u = \int \frac{dU}{U} P + iV, \quad 2v = \int \frac{dU}{U} P - iV.$$

Aus den Gleichungen

$$u + v = \int \frac{dU}{U} P, \quad u - v = i\,V$$

folgt

2) $$\frac{\partial U}{\partial u} = \frac{U}{P} = \frac{\partial U}{\partial v}, \quad \frac{\partial V}{\partial u} = -i, \quad \frac{\partial V}{\partial v} = i$$

und es wird

3) $$\begin{aligned} x_u &= \frac{U}{P} \cos V + i\,U \sin V = \sigma\,(1 - \lambda^2), \\ y_u &= -i\,\frac{U}{P} \sin V - U \cos V = \sigma\,(1 + \lambda^2); \end{aligned}$$

4) $$\begin{aligned} x_v &= \cdot\,\frac{U}{P} \cos V - i\,U \sin V = \sigma'\,(1 - \lambda'^2), \\ y_v &= -i\,\frac{U}{P} \sin V + U \cos V = \sigma'\,(1 + \lambda'^2) \end{aligned}$$

oder

a) $$2\sigma = e^{-iv}\frac{U}{P}(1-P),$$

$$-2\sigma\lambda^2 = e^{iv}\frac{U}{P}(1+P),$$

b) $$2\sigma' = e^{-iv}\frac{U}{P}(1+P),$$

$$-2\sigma'\lambda'^2 = e^{iv}\frac{U}{P}(1-P).$$

Da auch

c) $$z_u = \frac{U}{P}f' = 2\lambda\sigma, \quad z_v = \frac{U}{P}f' = 2\lambda'\sigma',$$

wird aus a) und b)

$$\lambda = \frac{f'e^{iv}}{1-P}, \quad \sigma = \tfrac{1}{2}e^{-iv}\frac{U}{P}(1-P),$$

$$\lambda' = \frac{f'e^{iv}}{1+P}, \quad \sigma' = \tfrac{1}{2}e^{-iv}\frac{U}{P}(1+P).$$

Setzt man, in Übereinstimmung mit § 7 unter 17 ff.

$$\frac{\lambda}{\lambda'} = -\lambda\lambda'' = \frac{1+P}{1-P},$$

so wird $\lambda\lambda''$ eine reelle Zahl. Und aus

$$\lambda'^2\, 4\sigma\sigma' = -\frac{U^2 f'^4}{P^2(1+P)^2}$$

oder

$$4\sigma\sigma' = -\frac{U^2 f'^4 \lambda''^2}{P^2(1+P)^2}$$

folgt für $\sigma' = -\lambda''^2\sigma''$, daß auch $4\sigma\sigma''$ eine reelle Zahl ist.

Viertens. Ich schließe hieran noch eine Bemerkung über die Frage nach **dreifachen Systemen, deren Schnittkurven Minimalkurven auf den betreffenden Flächen** sind, die im Teil I wegen der 6 weitläufigen Grundgleichungen nur angedeutet war.

Nach § 1 hat man das folgende System von je drei Gleichungen

A) $$\begin{aligned} 2\lambda\lambda_v\sigma + (\lambda^2-1)\sigma_v &= 2\lambda'\lambda'_u\sigma' + (\lambda'^2-1)\sigma'_u, \\ 2\lambda\lambda_v\sigma + (\lambda^2+1)\sigma_v &= 2\lambda'\lambda'_u\sigma' + (\lambda'^2+1)\sigma'_u, \\ \lambda_v\sigma + \lambda'\sigma_v &= \lambda'_u\sigma_v + \lambda'\sigma'_u; \end{aligned}$$

B) $$\begin{aligned} 2\lambda\lambda_w\sigma + (\lambda^2-1)\sigma_w &= 2\lambda''\lambda''_u\sigma'' + (\lambda''^2-1)\sigma''_u, \\ 2\lambda\lambda_w\sigma + (\lambda^2+1)\sigma_w &= 2\lambda''\lambda''_u\sigma_u + (\lambda''^2+1)\sigma''_u, \\ \lambda_w\sigma + \lambda\sigma_w &= \lambda''_u\sigma'' + \lambda''\sigma''_u; \end{aligned}$$

C) $$\begin{aligned} 2\lambda'\lambda'_w\sigma' + (\lambda'^2-1)\sigma'_w &= 2\lambda''\lambda''_v\sigma'' + (\lambda''^2-1)\sigma''_v, \\ 2\lambda'\lambda'_w\sigma' + (\lambda'^2+1)\sigma'_w &= 2\lambda''\lambda''_v\sigma'' + (\lambda''^2+1)\sigma''_v, \\ \lambda'_w\sigma' + \lambda'\sigma'_w &= \lambda''_v\sigma' + \lambda''\sigma''_v \end{aligned}$$

und hieraus

1)
$$\begin{aligned} \sigma_v &= \sigma'_u, \\ \sigma_w &= \sigma''_u, \\ \sigma'_w &= \sigma''_v; \end{aligned}$$

ferner nach § 1

2)
$$\begin{aligned} \lambda_v \sigma + \lambda'_u \sigma' &= 0, \\ \lambda_w \sigma + \lambda''_u \sigma'' &= 0, \\ \lambda'_w \sigma' + \lambda''_v \sigma'' &= 0; \end{aligned}$$

3)
$$\begin{aligned} \lambda_v \sigma - \lambda'_u \sigma' &= (\lambda' - \lambda)\, \sigma_v, \\ \lambda''_u \sigma'' - \lambda_w \sigma &= (\lambda - \lambda'')\, \sigma''_u, \\ \lambda'_w \sigma' - \lambda''_v \sigma'' &= (\lambda'' - \lambda')\, \sigma''_w. \end{aligned}$$

Diese Gleichungen sind denen des § 1 ganz analog gebildet und führen daher zu den entsprechenden Differentialgleichungen.

Aus den Gleichungen 1) folgt

4)
$$\sigma = \Theta_u, \quad \sigma' = \Theta_v; \quad \sigma = \eta_u, \quad \sigma'' = \eta_w; \quad \sigma' = \zeta_v, \quad \sigma_u = \zeta_w,$$

wo Θ, η, ζ Funktionen der u, v, w sind.

Aber zwischen diesen bestehen nach 4) weitere Relationen

$$(\eta - \Theta)_u = 0, \quad (\Theta - \zeta)_v = 0, \quad (\zeta - \eta)_w = 0$$

und daraus folgt, daß für S_1, S_2, S_3 als neue Funktionen

5)
$$\begin{aligned} \eta - \Theta &= S_1(v, w), \\ \Theta - \zeta &= S_2(u, w), \\ \zeta - \eta &= S_3(u, v), \end{aligned}$$

wobei die S jedesmal nur von den bezeichneten Variabeln abhängen, oder

6)
$$S_1(v w) + S_2(u w) + S_3(u v) = 0.$$

Durch Differentiation dieser Identität folgt, daß jedes S nur die Summe zweier Funktionen von je einer der Variabeln ist.

$$\begin{aligned} S_1 &= V + W, \\ S_2 &= U + W_1, \\ S_3 &= U_1 + V_1 \end{aligned}$$

und nach 6) ist jetzt

$$U + U_3 + V + V_1 + W + W_1 = 0$$

und dies gibt

$$\begin{aligned} U + U_1 &= c_1, \\ V + V_1 &= c_2, \\ W + W_1 &= c_3, \end{aligned}$$

wo c_1, c_2, c_3 Konstanten sind, deren Summe gleich Null ist. Setzt man nun

$$\begin{aligned} \sigma &= \Theta_u, \\ \sigma' &= \Theta_v, \\ \sigma'' &= \eta_w = \Theta_w + \frac{\partial S_1(v u)}{\partial w} \end{aligned}$$

und $\Theta + W = \Theta'$, so wird

$$\sigma = \Theta'_u,$$
$$\sigma' = \Theta'_v,$$
$$\sigma'' = \Theta'_w,$$

so daß die σ, σ', σ'' partielle Differentialquotienten ein und derselben Funktion sind. Es ergeben sich daher aus den Gleichungen 1), 2), 3) drei der Gleichung III) des § 1 entsprechende Gleichungen zwischen den λ, λ', λ'' allein, so daß die sechs Grundgleichungen in diesem Fall auf drei zurückgeführt sind. Die weitere Ausführung dieses Gesichtspunktes analog zu den Betrachtungen des Teils II muß hier indessen unterbleiben.

§ 7.

Realität der Flächen mit durch Quadratur bekannten Minimalkurven.

Bei einer reellen Fläche sind die Parameter u, v der Minimalkurven konjugiert-komplexe Ausdrücke in den reellen Parametern U, V der Fläche; die x, y, z sind der Voraussetzung nach reelle Funktionen der letzteren. Geht man nämlich von dem Ausdrucke

$$e\,ds^2 = e^2 (dU)^2 + 2ef\,dU\,dV + eg(dV)^2 = (e\,dU + f\,dV)^2 + H^2\,dV^2$$

aus, wo $H = \sqrt{eg - f^2}$ ist, so ist die Gleichung der Minimalkurve

$$\lambda_1(e\,dU + f\,dV + iH\,dV) = 0$$

mittels des integrierenden Faktors λ_1 in das totale Differential

$$\frac{du}{2} = df_1(U, V) + i\,d\varphi_1(U, V) = 0$$

zu verwandeln, und bei der Vertauschung von i mit $-i$ geht λ_1 in λ_2 über, so daß

$$\frac{dv}{2} = df_1(UV) - i\,d\varphi_1(UV)$$

wird. Schreibt man jetzt für f_1 und φ_1 der Kürze wegen wieder f, φ, so hat man

$$u + v = f, \quad u - v = i\varphi.$$

Durch Differentiation dieser Identitäten nach u, v entstehen die Gleichungen

$$\text{I)}\quad \begin{aligned} &1)\ 1 = f_U \frac{\partial U}{\partial u} + f_V \frac{\partial V}{\partial u}, && 3)\quad 1 = f_U \frac{\partial U}{\partial v} + f_V \frac{\partial V}{\partial v}, \\ &2)\ 1 = i\left(\varphi_U \frac{\partial U}{\partial u} + \varphi_V \frac{\partial V}{\partial u}\right), && 4)\ -1 = i\left(\varphi_U \frac{\partial U}{\partial v} + \varphi_V \frac{\partial V}{\partial v}\right), \end{aligned}$$

wo die f_U, f_V; φ_U, φ_V die Differentialquotienten der f und φ nach den betreffenden reellen Variabeln bedeuten. Außerdem ist aber nach den Gleichungen der Minimalkurve

$$5)\qquad x_u = (1-\lambda^2)\,\sigma = \frac{\partial x}{\partial U}\frac{\partial U}{\partial u} + \frac{\partial x}{\partial V}\frac{\partial V}{\partial u},$$

$$6)\qquad x_v = (1-\lambda'^2)\,\sigma_1 = \frac{\partial x}{\partial U}\frac{\partial U}{\partial v} + \frac{\partial x}{\partial V}\frac{\partial V}{\partial v},$$

$$7)\qquad y_u = i\,(1+\lambda^2)\,\sigma = \frac{\partial y}{\partial U}\frac{\partial U}{\partial u} + \frac{\partial y}{\partial V}\frac{\partial V}{\partial u},$$

$$8)\qquad y_v = i\,(1+\lambda'^2)\,\sigma_1 = \frac{\partial y}{\partial U}\frac{\partial U}{\partial v} + \frac{\partial y}{\partial V}\frac{\partial V}{\partial v},$$

$$9)\qquad z_u = 2\,\lambda\,\sigma = \frac{\partial z}{\partial U}\frac{\partial U}{\partial u} + \frac{\partial z}{\partial V}\frac{\partial V}{\partial u},$$

$$10)\qquad z_v = 2\,\lambda'\,\sigma' = \frac{\partial z}{\partial U}\frac{\partial U}{\partial v} + \frac{\partial z}{\partial V}\frac{\partial V}{\partial v}.$$

Aus 1), 2), 5) und 3), 4), 6) folgt durch Elimination der Differentialquotienten nach u, v

$$\text{II)}\qquad \begin{vmatrix} 1 & f_U & f_V \\ -i & \varphi_U & \varphi_V \\ x_u & \frac{\partial x}{\partial U} & \frac{\partial x}{\partial V} \end{vmatrix} = 0, \qquad \begin{vmatrix} 1 & f_U & f_V \\ i & \varphi_U & \varphi_V \\ x_v & \frac{\partial x}{\partial U} & \frac{\partial x}{\partial V} \end{vmatrix} = 0$$

und dieselben Gleichungen gelten nach 1), 2), 7); 3), 4), 8); 1), 2), 9); 3), 4), 10) auch für y und z, wobei die zwei letzten Kolonnen von II nur reelle Ausdrücke enthalten. Darnach ist für Δ als Funktionaldeterminante der f und φ

$$11)\qquad \begin{aligned} x_u\,\Delta + \begin{vmatrix} \varphi_U & \varphi_V \\ x_U & x_V \end{vmatrix} + i \begin{vmatrix} f_U & f_V \\ x_U & x_V \end{vmatrix} &= 0, \\ x_v\,\Delta + \begin{vmatrix} \varphi_U & \varphi_V \\ x_U & x_V \end{vmatrix} - i \begin{vmatrix} f_U & f_V \\ x_U & x_V \end{vmatrix} &= 0. \end{aligned}$$

Es sind also

$$\begin{aligned} &x_u + x_v,\quad y_u + y_v,\quad z_u + z_v \ \text{reell}, \\ &x_u - x_v,\quad y_u - y_v,\quad z_u - z_v \ \text{rein imaginär}, \end{aligned}$$

wie auch erwartet werden konnte.

Aus den Gleichungen

$$\begin{aligned} x_u &= (1-\lambda^2)\,\sigma, & y_u &= i\,(1+\lambda^2)\,\sigma, & z_u &= 2\,\lambda\,\sigma, \\ x_v &= (1-\lambda'^2)\,\sigma', & y_v &= i\,(1+\lambda'^2)\,\sigma', & z_v &= 2\,\lambda'\,\sigma', \end{aligned}$$

die schon bei 5)—10) benutzt waren, folgt jetzt

$$12)\qquad \left.\begin{matrix} \lambda\sigma + \lambda'\sigma' \\ \sigma + \sigma' - \lambda^2\sigma - \lambda'^2\sigma' \\ \sigma - \sigma' + \lambda^2\sigma - \lambda'^2\sigma' \end{matrix}\right\} \text{sind reell}, \qquad \left.\begin{matrix} \lambda\sigma - \lambda'\sigma' \\ \sigma - \sigma' - \lambda^2\sigma + \lambda'^2\sigma' \\ \sigma + \sigma' + \lambda^2\sigma + \lambda'^2\sigma' \end{matrix}\right\} \text{sind rein imaginär},$$

so daß auch $\sigma - \lambda'^2\sigma'$ und $\sigma' - \lambda^2\sigma$ reell sein müssen, während $\sigma + \lambda'^2\sigma'$ und $\sigma' + \lambda^2\sigma$ rein imaginär sind oder

$$\begin{aligned} \sigma &= a + ib, & \sigma' &= a + i\beta, \\ \lambda'\sigma' &= ib - a, & \lambda^2\sigma &= \beta i - a. \end{aligned}$$

Es sind jetzt die **Fundamentalgrößen zweiter Ordnung**

$$13)\qquad D = \begin{vmatrix} x_{uu} \\ x_u \\ x_v \end{vmatrix} \frac{1}{if}, \quad D'' = \begin{vmatrix} x_{vv} \\ x_u \\ x_v \end{vmatrix} \frac{1}{if}, \quad \begin{vmatrix} x_{uv} \\ x_u \\ x_v \end{vmatrix} \frac{1}{if} = \begin{vmatrix} x_{vu} \\ x_u \\ x_v \end{vmatrix} \frac{1}{if}\ ^{1)}$$

zu berechnen, wobei

$$\text{III)}\qquad f = x_u x_v + y_u y_v + z_u z_v = -2\sigma\sigma'(\lambda - \lambda')^2$$

ist. Nun ist der Zähler von D gleich

$$i \begin{vmatrix} \sigma_u(1-\lambda^2) - 2\lambda\lambda_u\sigma, & \sigma_u(1+\lambda^2) + 2\lambda\lambda_u\sigma, & 2\lambda\sigma_u + 2\lambda_u\sigma \\ (1-\lambda^2)\sigma & (1+\lambda^2)\sigma & 2\lambda\sigma \\ (1-\lambda'^2)\sigma' & (1+\lambda'^2)\sigma' & 2\lambda'\sigma' \end{vmatrix}.$$

Zieht man die zweite mit $\sigma_u : \sigma$ multiplizierte Reihe von der ersten ab und addiert die zweite Kolonne zur ersten, so findet man sogleich durch Division mit if

$$(14)\qquad D = -2\lambda_u\sigma, \quad D'' = 2\lambda'_v\sigma'$$

und nach analoger Rechnung folgt, je nachdem man x_{uv} oder x_{vu} bildet

$$15)\qquad D' = -2\lambda_v\sigma = 2\lambda'_u\sigma'.$$

Das **Krümmungsmaß**

$$K = \frac{DD'' - D'^2}{-f^2}$$

erhält hiernach den Wert

$$\text{IV)}\qquad K = \frac{1}{\sigma\sigma'}\,\frac{\lambda_u\lambda'_v - \lambda_v\lambda'_u}{(\lambda - \lambda')^4}.$$

Aus IV) folgt jetzt der bereits früher benutzte bemerkenswerte Satz:

Ist die Funktionaldeterminante von λ, λ' nach den Parametern der Minimalkurven u, v gleich Null, d. h. besteht eine Relation zwischen λ und λ', so ist die Fläche abwickelbar.

In dem besonderen Falle $\lambda = U$, $\lambda' = V$ ist die Determinante nicht Null. Aus den Gleichungen

$$\lambda_v\sigma + \lambda'_u\sigma' = 0,$$
$$\lambda_v\sigma - \lambda'_u\sigma' = (\lambda' - \lambda)\sigma_v$$

folgt dann aber $(\lambda' - \lambda)\sigma_v = 0$. Für $\sigma_v = 0$ ergeben sich die allgemeinen Minimalflächen; $\lambda = \lambda'$ aber war von vornherein auszuscheiden.

Zur **Bestimmung der Richtungscosinus X, Y, Z der Flächennormale** hat man die Gleichungen

$$X(1-\lambda^2) + Yi(1+\lambda^2) + 2Z\lambda = 0,$$
$$X(1-\lambda'^2) + Yi(1+\lambda'^2) + 2Z\lambda' = 0.$$

---

1) Die Bezeichnung der Determinanten nach Teil I, S. 8.

Für einen Proportionalitätsfaktor $\varkappa$ folgt daraus

16) $$X = \varkappa(1 - \lambda\lambda'),\quad Y = \varkappa i(1 + \lambda\lambda'),\quad Z = \varkappa(\lambda + \lambda'),$$

so daß wegen $X^2 + Y^2 + Z^2 = 1$

17) $$\varkappa^2 (\lambda - \lambda_1)^2 = 1$$

wird. Man erhält also

$$X = \frac{1 - \lambda\lambda'}{\lambda' - \lambda},\quad Y = \frac{1 + \lambda\lambda'}{\lambda' - \lambda},\quad Z = \frac{\lambda + \lambda_1}{\lambda_1 - \lambda}.$$

Setzt man hier $\lambda' = -\frac{1}{\lambda''}$, so folgt

18) $$X = \frac{\lambda + \lambda''}{1 + \lambda\lambda''},\quad Y = -i\frac{(\lambda - \lambda'')}{1 + \lambda\lambda''},\quad Z = 1 - \frac{2}{1 + \lambda\lambda''}.$$

Da die X, Y, Z der reellen Fläche reell sein müssen, folgt, daß λ und λ_2 konjugiert komplexe Zahlen sein müssen, womit zugleich auch Y reell wird.

Jetzt wird eine weitere Umformung von K möglich. Es ist nämlich

$$\lambda = p + qi,$$
$$\lambda'' = p - qi$$

und der Zähler von

19) $$K = \frac{\lambda_u \lambda''_v - \lambda_v \lambda''_u}{\sigma\sigma''(1 + \lambda\lambda'')^4},$$

wobei $-\sigma' = \sigma''\lambda'^2$ gesetzt ist, erhält die Form

$$\lambda_u \lambda''_v - \lambda_v \lambda''_u = -2i(p_u q_v - p_v q_u).$$

Diese rechte Seite wird aber gleich

$$-2i\begin{vmatrix} p_U & p_V \\ q_U & q_V \end{vmatrix} \begin{vmatrix} \frac{\partial U}{\partial u} & \frac{\partial V}{\partial u} \\ \frac{\partial U}{\partial v} & \frac{\partial V}{\partial v} \end{vmatrix}.$$

Aus den Gleichungen 1), 2), 3), 4) folgt aber auch

$$\begin{vmatrix} f_U & f_V \\ \varphi_U & \varphi_V \end{vmatrix} \begin{vmatrix} \frac{\partial U}{\partial u} & \frac{\partial V}{\partial u} \\ \frac{\partial U}{\partial v} & \frac{\partial V}{\partial v} \end{vmatrix} = \begin{vmatrix} 1 & 1 \\ -i & \cdot\, i \end{vmatrix} = 2i$$

oder

$$\lambda_u \lambda'' \quad - \lambda_v \lambda''_u = 4\begin{vmatrix} p_U & p_V \\ q_U & q_V \end{vmatrix} \frac{1}{\Delta},$$

wobei Δ der bei 11) angegebene reelle Wert ist.

Man hat also schließlich

$$K = 4 \begin{vmatrix} p_v & p_{v'} \\ q_v & q_{v'} \end{vmatrix} \frac{1}{\Delta} \sigma\sigma'' (1 + \lambda\lambda'')^4$$

und hieraus folgt, da das Krümmungsmaß der reellen Fläche reell sein muß (auch imaginäre Flächen können reelles K haben), daß auch $\sigma\sigma''$ eine reelle Zahl sein muß.

Die Gleichung für die Hauptkrümmungsradien r der Fläche ist

$$Kr^2 + \frac{2D'r}{f} + 1 = 0.$$

Da nach III)

$$f = -2\sigma\sigma'' (1 + \lambda\lambda'')^2,$$

muß jetzt f eine reelle Zahl sein. Dann aber muß auch D' für die reell vorausgesetzte Fläche reell sein, insbesondere muß auch

$$D'^2 = 4\sigma\sigma'' \lambda_v \lambda''_u$$

eine positive Zahl sein, so daß die beiden Bestandteile des Krümmungsmaßes in 19) reell sind.

Aber dies sind nur notwendige Bedingungen, die nicht hinreichen, selbst wenn einer der Radien r_1 reell wäre. Denn da nur die Richtungen der Normalen reell sind, können immer noch die Schnittpunkte der unendlich nahen Normalen auf imaginäre Stellen derselben fallen; nur wenn diese reell sind, ist auch die Realität der Fläche gesichert. Entscheiden läßt sich, wie es scheint, die Frage nur durch Bestimmung der λ und λ', dazu ist aber immer noch eine Integration erforderlich.

In der berühmten Arbeit von Weierstraß, in der zum ersten Male die Ausdrücke für die Koordinaten der reellen Minimalflächen bekannt gemacht wurden, mit der die vorigen Betrachtungen einige gemeinsame Beziehungen haben, liegen die Verhältnisse doch viel einfacher.

§ 8.

Rationale ganze Funktionen λ von u, v für $f = (u + v)^n$ bei beliebigem n.

Man erhält nach § 4 für $f = (u + v)^n = s^n$ in Bezug auf λ die Differentialgleichung

1) $$2\lambda_{uv}(u + v) + \lambda_v(n + 2) + \lambda_u n = 0$$

und es wird

2) $$\lambda' = 2\lambda_v \frac{u + v}{n} + \lambda.$$

Setzt man in 1) die homogene ganze Funktion m-ten Grades von u, v für λ in der Form

$$\lambda = \sum_0^m u^{m-k} v^k m_k a_k$$

mit m_k als k-ten Binomialkoeffizienten ein, so ergibt sich durch Zusammenfassung je zweier nebeinander stehender Glieder das System der folgenden m Gleichungen für die Koeffizienten a_i

$$\text{A)}\quad \begin{aligned}
&(2m+n)\,a_1 + n\,a_0 = 0,\\
&(2(m-1)+n)\,a_2 + (n+2)\,a_1 = 0,\\
&(2(m-2)+n)\,a_3 + (n+4)\,a_2 = 0,\\
&- - - - - - - - - -\\
&(2(m-k)+n)\,a_{k+1} + (n+2k)\,a_k = 0,\\
&- - - - - - - - - -\\
&(2+n)\,a_m + (2(m-1)+n)\,a_{m-1} = 0,
\end{aligned}$$

worin die Summe der beiden mit a_{k+1} und a_k multiplizierten Zahlen stets gleich $2(m+n)$ ist. Ist keiner der Koeffizienten $2(m-k)+n$ für $k = 0, 1, 2 \ldots m-1$ gleich Null, so liefert A) alle a_i bis auf einen willkürlichen Faktor, der gleich Eins gesetzt werden kann. Man findet dann leicht zwischen λ und λ' die einfache Beziehung

$$(\lambda') = \pm\,\lambda,$$

wobei (λ') der aus λ' durch Vertauschung von u mit v entstehende Ausdruck ist, je nachdem m eine gerade oder ungerade Zahl ist. Aber dieser Satz, der die Berechnung von λ' aus 2) unnötig macht, was für die folgenden Rechnungen nützlich ist, gilt auch dann noch, wenn überhaupt durch das Schema A) alle Koeffizienten a_i bis auf einen Faktor völlig bestimmt sind, wovon man sich zunächst durch Betrachtung von A) überzeugen kann. Ich verdanke Herrn Professor O. Volk, dem ich diesen Satz mitteilte, den folgenden allgemeinen Beweis desselben, der die jedesmalige Untersuchung des Schemas überflüssig macht.

Für λ und λ' hat man nämlich aus den Gleichungen

$$2\,\lambda_v\,(u+v) = n\,(\lambda'-\lambda), \quad 2\,\lambda'_u\,(u+v) = -\,n\,(\lambda'-\lambda)$$

nach 1) die beiden Differentialgleichungen

$$\begin{aligned}
2\,(u+v)\,\lambda_{uv} + (n+2)\,\lambda_v + n\,\lambda_u &= 0,\\
2\,(u+v)\,\lambda'_{uv} + (n+2)\,\lambda'_u + n\,\lambda'_v &= 0,
\end{aligned}$$

aus denen unter der gemachten Annahme folgt, daß

$$\text{a)}\quad \lambda = \alpha\,(u^m + a_1\,m\,u^{m-1}\,v + \ldots a_m\,v^m),$$

$$\text{b)}\quad \lambda' = \beta\,(v^m + a_1\,m\,v^{m-1}\,u + \ldots a_m\,u_m)$$

sein muß. Da nun aber λ' der Gleichung 2) genügen muß, so erhält man, wenn man nach a), b) in diesen Ausdrücken links λ_v und rechts λ'_u einsetzt, eine Gleichung, die für alle u, v eine Identität sein muß. Durch Vergleichung der Koeffizienten von u^m folgt

$$\text{c)}\quad \frac{n\,\alpha}{2m+n} = \beta\,a_m.$$

Die Multiplikation der sämtlichen Gleichungen von A) gibt

$$\text{d)}\quad 2\,(m+n)\,a_m = (-1)^m \cdot n$$

oder

$$\alpha = \beta\,(-1)^m.$$

Dies ist der mir von Volk gegebene Beweis. Er ist gültig, wenn auch eines der $2(m-k)+n$ für $k = 1, \ldots, m-1$ Null ist, bedarf aber noch für den Fall

$2m + n = 0$ einer kleinen Ergänzung, die ich hier hinzufüge, die übrigens auf demselben Gedankengange beruht. Ist nämlich $2m + n = 0$, so ist $a_1 = 0$, und man hat dann zu setzen

$$\lambda = a\,(u^{m-1}\,v\,a_1 + u^{m-2}\,v^2\,m_2\,a_2\ldots v^m\,a_m),$$
$$\lambda' = \beta\,(v^{m-1}\,u\,m\,a_1 + v^{m-2}\,u^2\,m_2\,a_2 + \ldots u^m\,a_m).$$

Aus der Vergleichung der beiden Werte von λ und λ' folgt jetzt wieder

$$-\beta = a_1\,a,$$

während durch Multiplikation der letzten $m - 1$ Gleichungen A) entsteht

$$\beta = a\,(-1)^m.$$

Hat man übrigens durch Auflösung der A) überhaupt Werte der a_i bestimmt, welcher besonderen Gestalt sie auch sein mögen, so sind zur Ermittelung der Koordinaten x, y, z der Minimalkurven der Fläche als Funktionen von u, v die Integrale

3)
$$\begin{cases} \frac{z}{2} = \int \lambda\,s^n\,du + \zeta, \\ Z = \int \lambda^2\,s^n\,du + \zeta', \quad s = u + v \end{cases}$$

so zu bestimmen, daß

4)
$$\frac{1}{2}\,\frac{\partial z}{\partial v} = \lambda'\,s^n, \quad \frac{\partial Z}{\partial v} = \lambda'^2\,s^n$$

wird, woraus sich ζ_v und ζ'_v als Funktionen von v allein ergeben müssen, während, wie immer, bei den Integralen 3) u allein variabel ist.

Man erkennt auch leicht, daß für den Fall, wo die Koeffizienten a_i durch das Schema völlig (bis auf einen Faktor) bestimmt sind, also keiner der Koeffizienten in A) gleich Null ist, immer

$$\zeta_v = 0, \quad \zeta'_v = 0$$

ist. Denn es zeigt sich sofort, daß bei den Integrationen und der Vergleichung unter 4) niemals ein von u unabhängiges Glied entstehen kann (dies ist selbstverständlich auch bei einem allgemeinen Werte von n der Fall). Die als singulär zu bezeichnenden Werte von n zerfallen demnach in zwei Klassen.

Erstens. Ist einer der Koeffizienten in A) gleich Null, so können gleichwohl die a_i bis auf einen Faktor völlig bestimmt sein, dann gilt, wie gezeigt, der Satz $(\lambda') = \pm\,\lambda$.

Zweitens. Enthalten aber die Koeffizienten a_i noch eine willkürliche Zahl t, die im folgenden auch durch τ bezeichnet wird, so bleibt die Beziehung $\lambda_v + \lambda'_u = 0$ selbstverständlich immer erhalten, aber zwischen (λ') und λ besteht die obige Gleichung nicht mehr. Das sind dann singuläre Werte zweiter Klasse von n. Ein einfaches Beispiel ist der Fall $n + 2 = 0$, wo $a_1\,(m - 1) - a_0 = 0$ und alle anderen Koeffizienten bis auf $a_m = \tau$ gleich Null sind; für spezielle Werte von τ kann dann auch noch eine ähnliche Beziehung wie $(\lambda') = \pm\,\lambda$ entstehen.

Drittens. Eine dritte Art singulärer Werte von n_1 (als Unterfall der zweiten Klasse) zeigt sich bei der Integration von $\frac{z}{2}$ und Z, da hierbei logarithmische Glieder entstehen, die bei der Vergleichung 4) sich wieder aufheben müssen. Sie können nur den Werten

$$n = -(m-1), \quad -(2m-3) \ldots -1$$

entsprechen.

Einige Fälle mögen gleich hier hervorgehoben werden:

a) Setzt man in Schema A) $n = -m$, und ist m eine ungerade Zahl $2p+1$, so hat man

$$a_0 = a_1 = a_2 \ldots = a_m$$

oder

$$\lambda = s^m, \quad \lambda' = -s^m.$$

Es wird daher

$$\frac{z}{2} = s + \zeta, \text{ also } \frac{z}{2} = u - v, \qquad Z = \frac{s^{m+1}}{m+1}.$$

b) Ist aber m eine gerade Zahl $2p$, so befindet sich im Schema A) die Gleichung

$$(2p - 2k)\, a_{k+1} + (2k - 2p)\, a_k = 0$$

und hieraus folgt

$$a_0 = a_1 = a_2 \ldots = a_p; \quad a_{p+1} = a_{p+2} \ldots = a_{2p} = \tau$$

oder für $\tau = \tau_1 + 1$

$$\lambda = s^{2p} + \tau_1 \sum_1^p u^{p-k}\, v^{p+k}\, (2p)_{p-k};$$

nicht so übersichtlich ist der Wert von λ', der in jedem einzelnen Falle besonders zu berechnen ist.

c) Für $m = 2p+1$, $n = -2(p+1)$ erhält man

$$\lambda = u^p\, v^{p+1}, \quad \lambda' = -u^{p+1}\, v^p$$

und hieraus durch Entwicklung von $u^p = (s-v)^p$, $u^{p+1} = (s-v)^{p+1}$

$$\frac{z}{2} = -\frac{v^{p+1}}{(p+1)\, s^{p+1}} + p_1 \frac{v^{p+2}}{(p+2)\, s^{p+2}} \ldots - \frac{(-1)^p\, v^{2p+1}}{(2p+1)\, s^{2p+1}}, \qquad \zeta_v = 0,$$

$$Z = \int \left(\frac{\lambda}{s^{p+1}}\right)^2 ds + \frac{v^{2p+1}}{2p+1} \text{ mit dem Werte } \zeta'_v = v^{2p}.$$

d) Für $m = 2p$, $n = -2(p+1)$ wird

$$\lambda = u^p\, v^p\, (p+1) - u^{p-1}\, v^{p+1}\, p,$$
$$\lambda' = u^p\, v^p\, (p+1) - u^{p+1}\, v^{p-1}\, p$$

und hieraus folgt

$$\frac{z}{2} = \int \frac{\lambda}{s^{2(p+1)}}\, ds, \quad \zeta_v = 0,$$

$$Z = \int \left(\frac{\lambda}{s^{p+1}}\right)^2 ds + \frac{v^{2p-1}\, p^2}{2p-1}; \quad \zeta'_v = v^{2(p-1)} p^2.$$

§ 9.

Rationale homogene ganze Funktionen erster bis sechster Ordnung.

Einige durchgeführte Beispiele zur Erläuterung des § 8 mögen hier folgen.

A) $m = 1$. Im allgemeinen Falle wird $\lambda = (n+2)u - nv$, $\lambda' = nu - (n+2)v$ oder $(\lambda') = -\lambda$, und

$$\frac{s}{2} = \int \lambda s^n ds, \quad Z = \int \lambda^2 s^n ds, \text{ mit } \zeta_v = 0, \quad \zeta'_v = 0.$$

Da bei den Integrationen nur die Nenner $n+2$, $n+1$ auftreten, sind nur $n = -2$, $n = -1$ singulär. Im ersten Falle wird

$$\frac{s}{2} = \frac{v}{s}, \quad Z = -\frac{v^2}{s} + v, \quad \zeta'_v = 1;$$

im zweiten $\lambda = s$, $\lambda' = -s$, also

$$\frac{s}{2} = u - v, \quad \zeta_v = -2;$$

$$Z = \frac{s^2}{2}, \quad \zeta'_v = 0;$$

es entsteht eine Zylinderfläche.

B) $m = 2$. Im allgemeinen Falle ist

$$\lambda = -\frac{n+4}{n}u^2 + 2uv - v^2, \quad \lambda' = -u^2 + 2uv - \frac{n+4}{n}v^2.$$

1) Für $n = -4$, $\lambda = 2uv - v^2$; $\lambda' = -u^2 + 2uv$ erhält man

$$\frac{s}{2} = -\frac{v}{s^2} + \frac{v^2}{s^3}, \quad \zeta_v = 0,$$

$$Z = -\frac{4v^2}{s} + \frac{6v^3}{s^2} - \frac{3v^4}{s^3} + v, \quad \zeta'_v = 1;$$

diese Flächen sind nicht abwickelbar.

2) Für $n = -3$, $\lambda = \frac{u^2}{3} + 6uv - 3v^2$, $\lambda' = -3u^2 + 6uv + v^2$ wird

$$\frac{s}{2} = \log s - \frac{4v}{s} + \frac{4v^2}{s^2}, \quad \zeta_v = 0,$$

$$Z = \frac{s^2}{2} + 8vs + \frac{64v^3}{s} - \frac{32v^4}{s^2} - 40v^2, \quad \zeta'_v = -80v.$$

3) Für $n = -1$, $\lambda = 3u^2 + 2uv - v^2$, $\lambda' = -u^2 + 2uv + 3v^2$ oder $\lambda = 3s^2 - 4sv$, $\lambda' = -s^2 + 4sv$, also

$$\frac{s}{2} = -\frac{3}{2}s^2 - 4vs + 4v^2, \quad \zeta_v = 0,$$

$$Z = \frac{9}{4}s^4 - 8s^3v + 8s^2v^2, \quad \zeta'_v = 0.$$

4) Der Fall $n = -2$ ist der erste, bei dem in λ eine weitere Konstante t eintritt. Es wird

$$\lambda = u^2 + 2uv + tv^2 = s^2 + \tau v^2, \text{ für } t = 1 + \tau,$$
$$\lambda' = -s^2 + \tau(2sv - v^2)$$

und daraus folgt

$$\frac{s}{2} = u - v - \tau\frac{v^2}{s}, \quad \zeta_v = -2,$$
$$Z = \frac{s^3}{3} + 2\tau s v^2 - \tau^2\frac{v^4}{s} - 4v^3\tau + 4v^3\tau^2, \quad \zeta'_v = 4v^3\tau(\tau - 1).$$

C) $m = 3$. Im **allgemeinen** Falle ist

$$\lambda = -\frac{n+6}{n}u^3 + 3u^2v - 3\frac{n+2}{n+4}uv^2 + v^3,$$
$$\lambda' = -u^3 + 3\frac{n+2}{n+4}u^2v - 3uv^2 + v^3\frac{n+6}{n}, \quad (\lambda') = -\lambda.$$

Nach der Bemerkung in § 5 ist $\zeta_v = 0$, $\zeta'_v = 0$; es darf vielleicht bemerkt werden, daß die Verifikation durch direkte Ausführung, wie in allen ähnlichen Fällen, schon recht weitläufig ist.

1) $n = -6$, $\lambda = 3s^2v - 12sv^2 - 10v^3$, $\lambda' = -s^3 + 9s^2v - 15sv^2 + 10v^3$

und hieraus

$$\frac{s}{2} = -\frac{8}{s^3} + \frac{3v^2}{s^4} - \frac{2v^3}{s^5}, \quad \zeta_v = 0,$$
$$Z = v - \frac{18v^2}{s} + \frac{36v^3}{s^2} - \frac{66v^4}{s^3} + \frac{60v^5}{s^4} - \frac{20v^6}{s^5}, \quad \zeta'_v = 1.$$

2) $n = -5$, $\lambda = s^3 + 12s^2v - 72sv^2 + 64v^3$, $\lambda' = -5s^3 + 60s^2v - 120sv^2 + 64v^3$,

$$\frac{s}{2} = -\frac{1}{s} - \frac{6v}{s^2} + \frac{24v^2}{s^3} + \frac{64v^3}{s^4},$$
$$Z = \int\frac{\lambda^2}{s^5}\,ds - 312v^2.$$

3)
$$n = -4, \quad \lambda = uv^2, \quad \lambda' = -u^2v,$$
$$\lambda = sv^2 - v^3, \quad \lambda' = s^2v - 2sv^2 + v^3, \text{ woraus}$$
$$\frac{s}{2} = -\frac{v^2}{2s^2} + \frac{v^3}{3s^3}, \quad \zeta_v = 0,$$
$$Z = \frac{v^3}{3} - \frac{v^4}{s} + \frac{v^5}{s^2} - \frac{v^6}{3s^3}, \quad \zeta'_v = 0.$$

4)
$$n = -3, \quad \lambda = s^3, \quad \lambda' = -s^3,$$
$$\frac{s}{2} = u - v, \quad \zeta_v = -2,$$
$$Z = \frac{s^4}{4}, \quad \zeta'_v = 0.$$

5) $n = -1.$ $\lambda = 5s^3 - 12s^2v + 8sv^2,$ $\lambda' = -s^3 + 4s^2v - 8sv^2,$

$$\frac{z}{2} = \frac{5s^3}{3} - 6s^2v + 8sv^2 - \frac{16v^3}{3}, \quad \zeta_v = -16v^2,$$

$$Z = \frac{25s^6}{6} - 24s^5v + 56s^4v^2 - 64s^3v^3 + 32s^2v^4, \quad \zeta'_v = 0;$$

6) $n = -2.$ $\lambda = 2u^3 + 3u^2v + tv^3,$ $\lambda' = -u^3 - t(3uv^2 + 2v^3).$

Bringt man λ und λ' auf die Form

$$\lambda = 2s^3 - 3s^2v + \tau v^3, \quad \lambda' = -s^3 + 3s^2v - \tau(3sv^2 - v^3),$$

so erhält man

$$\frac{z}{2} = -s^2 - 3vs - \tau\frac{v^3}{s} + 3v^2, \quad \zeta_v = 6v$$

und durch analoge Rechnung

$$Z = \frac{4s^5}{5} - 3s^4v + 3s^3v^2 + 2\tau(s^2v^3 - 3v^4s) - \tau^2v^6 + \frac{3v^5}{s}\tau(4 + 3\tau).$$

Da für $n = -2$ die Gleichung 4) allgemein integriert werden kann, so ist dieser Fall, wie auch schon unter B) Nr. 4 hier nur der Vollständigkeit wegen ausgeführt.

D) $m = 4.$

1) $n = -8.$ $\lambda = 4s^3v - 80s^2v^2 + 60sv^3 - 35v^4,$
$\lambda' = -s^4 + 16s^3v - 60s^2v^2 + 80sv^4 - 35v^4$

und hieraus

$$\frac{z}{2} = -\frac{v}{s^4} + \frac{6v^2}{s^5} - \frac{10v^3}{s^6} + \frac{5v^4}{s^7}, \quad \zeta_v = 0,$$

$$Z = \int\left(\frac{\lambda}{s^4}\right)^2 ds + v, \quad \zeta'_v = 1.$$

2) $n = -7.$ $\lambda = s^4 + 24s^3v - 288s^2v^2 + 640sv^3 - 384v^4,$
$\lambda' = -7s^4 + 168s^3v - 672s^2v^2 + 840sv^3 - 384v^4,$

$$\frac{z}{2} = \int\frac{\lambda}{s^7}ds, \quad \zeta_v = 0,$$

$$Z = \int\frac{\lambda^2}{s^7}ds - 1200v^2, \quad \zeta'_v = -2400v.$$

3) $n = -6.$ $\lambda = 3u^2v^2 - 2uv^3 = 3s^2v^2 - 8sv^3 + 5v^4,$
$\lambda' = 3u^2v^2 - 2u^3v = -2s^3v + 9s^2v^2 - 12sv^3 + 5v^4,$

also

$$\frac{z}{2} = -\frac{v^2}{s^3} + \frac{2v^3}{s^4} - \frac{v^4}{s^5}, \quad \zeta_v = 0,$$

$$Z = -\frac{4v^4}{s} + \frac{24v^5}{s^2} - \frac{94v^6}{s^3} + \frac{20v^7}{s^4} - \frac{5v^8}{s^5} + \frac{4v^3}{3}, \quad \zeta'_v = 4v^2.$$

4) $n = -4.$ $\lambda = s^4 + \tau(4 s v^3 - 3 v^4), \quad \lambda' = - s^4 - \tau(6 s^2 v^2 - 8 s v^3 + 3 v^4),$

$$\frac{s}{2} = u - v + \tau\left(-\frac{2 v^3}{s^2} + \frac{v^4}{s^3}\right), \quad \zeta_v = -2,$$

$$Z = \int \left(\frac{\lambda}{s^3}\right)^2 ds + \frac{12 \tau v^5}{5}(1 + 3\tau).$$

5) $n = -5.$ $\lambda = 3 s^4 + 8 s^3 v + 48 s^2 v^2 - 192 s v^3 + 128 v^4,$

$$\lambda' = -5 s^4 - 40 s^3 v + 240 s^2 v^2 - 320 s v^3 + 128 v^4,$$

$$\frac{s}{2} = 3 \log s - \frac{8 v}{s} - \frac{24 v^2}{s^2} + \frac{64 v^3}{s^3} - \frac{32 v^4}{s^4}, \quad \zeta_v = 0,$$

$$Z = \int \frac{\lambda^2}{s^5} ds - 61 \cdot 2^6 v^4, \quad \zeta'_v = -15616 v^3.$$

6) $n = -3.$ $\lambda = 5 s^4 - 8 s^3 v, \quad \lambda' = -3 s^4 + 8 s^3 v,$

$$\frac{s}{2} = \frac{5 s^2}{2} - 5 v s + 8 v^2, \quad \zeta_v = 16 v,$$

$$Z = \frac{25 s^6}{6} - 16 s^4 v^2, \quad \zeta'_v = 0.$$

7) $n = -1.$ $\lambda = 35 s^4 - 120 s^3 v + 144 s^2 v^2 - 64 s v^3,$

$$\lambda' = -5 s^4 + 24 s^3 v - 48 s^2 v^2 + 64 s v^3,$$

$$\frac{s}{2} = \frac{35 s^4}{4} - 40 s^3 v + 72 s^2 v^2 - 64 s v^3 + 32 v^4, \quad \zeta_v = 128 v^3,$$

$$Z = \int \frac{\lambda^2}{s} ds, \quad \zeta'_v = 0.$$

E) $m = 5.$

1) $n = -10.$ $\lambda = 5 u^4 v - 40 u^3 v^2 + 60 u^2 v^3 - 20 u v^4 + v^5,$

$$\lambda' = -u^5 + 20 u^4 v - 60 u^3 v^2 + 40 u^2 v^3 - 5 u v^4,$$

$$\frac{s}{2} = -\frac{v}{s^5} + \frac{10 v^2}{s^6} - \frac{30 v^3}{s^7} + \frac{35 v^4}{s^8} - \frac{14 v^5}{s^9}, \quad \zeta_v = 0,$$

$$Z = \int \frac{\lambda^2}{s^5} ds + v, \quad \zeta'_v = 1.$$

2) $n = -8.$ $\lambda = 2 s^3 v^2 - 10 s^2 v^3 + 15 s v^4 - 7 v^5,$

$$\lambda' = -s^4 v + 8 s^3 v^2 - 20 s^2 v^3 + 20 s v^4 - 7 v^5,$$

$$\frac{s}{2} = -\frac{v^2}{2 s^4} + \frac{2 v^3}{s^5} - \frac{5}{2}\frac{v^4}{s^6} + \frac{v^5}{s^7}, \quad \zeta_v = 0,$$

$$Z = \int \left(\frac{\lambda}{s^4}\right)^2 ds + \frac{v^5}{5}, \quad \zeta'_v = v^4.$$

3) $n = -6.$ $\lambda = u^2 v^3, \quad \lambda' = -u^3 v^2,$

$$\lambda = s^2 v^3 - 2 s v^4 + v^5, \quad \lambda' = -s^3 v^2 + 3 s^2 v^3 - 3 s v^4 + v^5,$$

$$\frac{s}{2} = -\frac{v^3}{2 s^3} + \frac{v^4}{2 s^4} - \frac{v^5}{5 s^5}, \quad \zeta_v = 0,$$

$$Z = \int \left(\frac{\lambda}{s^3}\right)^2 ds + \frac{v^5}{5}, \quad \zeta'_v = v^4.$$

4) $n = -5.$ $\lambda = s^5,\quad \lambda' = -s^5,$

$$\frac{z}{2} = u - v,\quad Z = \frac{s^6}{6},\quad \zeta'_v = 0.$$

5) $n = -4.$ $\lambda = 3s^5 - 5s^4 v + \tau(5sv^4 - 3v^5),$

$$\lambda' = -2s^5 + 5s^4 v - \tau(10s^2 v^3 - 10sv^4 + 3v^5),$$

$$\frac{z}{2} = 5v^2 + \frac{3s^2}{2} - 5vs - \frac{5}{2}\frac{v^4}{s^2} + \frac{v^5}{s^3} - \tau\left(\frac{5v^4}{2s^2} - \frac{v^5}{s^3}\right),\qquad \zeta_v = 100,$$

$$Z = \int\left(\frac{\lambda}{s^2}\right)^2 ds + 10\tau\frac{v^7}{7}(10\tau - 6),\quad \zeta'_v = 10\tau v^6(10\tau - 6).$$

6) $n = -3.$ $\lambda = 7u^5 - 15u^4 v + 16u^3 v^2 - 2u^2 v^3 + 3uv^4 + 3v^5,$

$$\lambda' = -3u^5 - 3u^4 v + 2u^3 v^2 - 6u^2 v^3 + 15uv^4 - 7v^5,$$

$$\frac{z}{2} = \frac{7}{3}s^3 - 10s^2 v - \frac{32v^3}{3},\quad \zeta_v = 32v^2,$$

$$Z = \int\frac{\lambda^2}{s^3}ds,\quad \zeta'_v = 0.$$

7) $n = -1.$ $\lambda = 63s^5 - 28s^4 v + 480s^3 v^2 - 384s^2 v^3 + 128sv^4,$

$$\lambda' = -7s^5 + 40s^4 v - 96s^3 v^2 - 384s^2 v^3 - 128sv^4,$$

$$\frac{z}{2} = \frac{63s^5}{5} - 70s^4 v + 160s^3 v^2 - 192s^2 v^3 + 128sv^4 - \frac{256v^5}{5},$$

$$Z = \int\frac{\lambda^2}{s}ds,\quad \zeta'_v = 0.\qquad \zeta_v = -256v^4,$$

F) $m = 6.$

1) $n = -10.$

$$\lambda = 5u^4 v^2 - 20u^3 v^3 + 15u^2 v^4 - 2uv^5,$$

$$\lambda' = -2u^5 v + 15u^4 v^2 - 20u^3 v^3 + 5u^2 v^4,\ \text{oder}$$

$$\lambda = 5s^4 v^2 - 10s^3 v^3 + 105s^2 v^4 - 112sv^5 + 42v^6,$$

$$\lambda' = -2s^5 v + 25s^4 v^2 - 100s^3 v^3 + 175s^2 v^4 - 140sv^5 + 42v^6.$$

Es wird also

$$\frac{z}{2} = -\frac{v^2}{s^5} + \frac{20v^3}{3s^6} - \frac{15v^4}{s^7} + \frac{14v^5}{s^8} - \frac{14v^6}{3s9},\quad \zeta_v = 0,$$

$$Z = \int\left(\frac{\lambda}{s^5}\right)^2 ds + \frac{4v^3}{3},\quad \zeta'_v = 4v^2.$$

2) $n = -8.$ $\lambda = 4u^3 v^3 - 3u^2 v^4,$

$$\lambda' = 4u^3 v^3 - 3u^4 v^2,\ \text{oder}$$

$$\lambda = 4s^3 v^3 - 15s^2 v^4 + 18sv^5 - 7v^6,$$

$$\lambda' = -3s^4 v^2 + 16s^3 v^3 - 30s^2 v^4 + 24sv^5 - 7v^6,\ \text{also}$$

$$\frac{z}{2} = -\frac{v^3}{s^4} + \frac{3v^4}{s^5} - \frac{2v^5}{s^6} + \frac{v^6}{s^7},\quad \zeta_v = 0,$$

$$Z = \int\left(\frac{\lambda}{s^4}\right)^2 ds + \frac{9v^5}{5},\quad \zeta_v = 9v^4.$$

3) $n = -6.$ $\lambda = s^6 + \tau(15 s^2 v^4 - 24 s v^5 + 10 v^6),$

$$\lambda' = -s^6 - \tau(20 s^3 v^3 - 45 s^2 v^4 + 36 s v^5 - 10 v^6),$$

$$\frac{z}{2} = u - v + \tau\left(\frac{5 v^4}{s^3} - \frac{6 v^5}{s^4} + \frac{2 v^6}{s^5}\right), \quad \zeta_v = -2,$$

$$Z = \int \left(\frac{\lambda}{s^3}\right)^2 ds + 40\tau \frac{v^7}{7}(10\tau - 1), \quad \zeta'_v = 40\tau v^6 (10\tau - 1).$$

4) $n = -5.$ $\lambda = 7 s^6 - 12 s^5 v, \quad \lambda' = -5 s^6 + 12 s^5 v,$

$$\frac{z}{2} = \frac{7 s^2}{2} - 12 v s + 12 v^2, \quad \zeta_v = 24 v,$$

$$Z = \frac{49 s^8}{8} - 24 v s^7 + 24 s^6 v^2, \quad \zeta'_v = 0.$$

5) $n = -4.$ $\lambda = 2 u^6 - 6 u^5 v + 5 u^4 v^2 + \tau(2 u v^5 + v^6),$

$$\lambda' = -2 u^6 - 2 u^5 v - \tau(5 u^2 v^4 + 6 u v^5 + 2 v^6).$$

Führt man $\tau = 1 + \tau_1$ ein, so wird

$$\lambda = 2 s^6 - 6 s^5 v + 5 s^4 v^2 + \tau_1(2 s v^5 - v^6),$$

$$\lambda' = -s^6 + 4 s^5 v - 5 s^4 v^2 - \tau_1(5 s^2 v^4 - 4 s v^5 + v^6),$$

woraus

$$\frac{z}{2} = \frac{2 s^3}{3} - 3 v s^2 + 5 v^2 s + \frac{v^5}{s^2} - \frac{v^6}{3 s^3} + \tau_1\left(-\frac{v^5}{s^2} + \frac{v^4}{3 s^3}\right), \quad \zeta_v = 0$$

und nach etwas längerer Rechnung

$$Z = \int \left(\frac{\lambda}{s^3}\right)^2 ds + 20 \tau_1 v^{10} (\tau_1 + 1).$$

Die hier nicht angeführten Fälle $n = -12$, $n = -3$, $n = -7$, $n = -1$ geben für λ, λ' große Zahlenkoeffizienten.

Die in A)—F) enthaltenen ziemlich mühseligen Angaben haben aber eine weit allgemeinere Bedeutung, weil sie den Weg zeigen, um alle rationalen Funktionen m-ter Ordnung in derselben Art auf bestimmte Weise anzuordnen.

Bekanntlich kann man die Gleichung

$$\lambda_{uv}(u + v) + a \lambda_u + b \lambda_v = 0$$

mit den Konstanten a, b durch hypergeometrische Funktionen partikulär lösen. Man kann daher auch die Fälle angeben, in denen sich diese auf rationale Ausdrücke reduzieren. Dieses an sich nicht sehr übersichtliche Verfahren ist aber nicht bequem, wenn es sich um die Gleichungen der Minimalkurven in x, y, z handelt, die für die vorstehenden Fälle vollständig angegeben sind durch die Werte der z und Z, aus denen die der x, y, z unmittelbar folgen.

Eine ganze rationale Funktion m-ter Ordnung (vom Fall $m = 0$ kann man absehen) besteht aus $m + 1$ homogenen Teilen, von denen jeder „im allgemeinen" eine Konstante enthält. Man bekommt so eine vollständige Aufzählung der Ausdrücke für λ und λ', bei der sich besonders der Satz $(\lambda') = \pm \lambda$ als nützlich erweist. Kommt aber in einem der homogenen Teile eine willkürliche Konstante t oder τ vor, so lassen sich durch Integration noch allgemeinere Ausdrücke erhalten, ganz abgesehen davon, daß dies Verfahren auch für die schon m vorhandenen Konstanten anwendbar ist.

Ein einfaches Beispiel gibt der Fall $m = 2$, $n = -2$ in B), 4.

Es war dann

$$\lambda = s^2 + \tau v^2, \quad \lambda' = - s^2 - \tau (2 s v - v^2).$$

Die allgemeineren Lösungen sind

$$\lambda = s^2 \int \varphi(\tau)\, d\tau + v^2 \int \tau \varphi(\tau)\, d\tau,$$
$$\lambda' = - s^2 \int \varphi(\tau)\, d\tau - (2 s v - v^2) \int \tau \varphi(\tau)\, d\tau.$$

Setzt man

$$\varphi(\tau) = \frac{d\varphi_1}{dt}, \quad \frac{d\psi}{dt} = \tau \frac{d\varphi_1}{dt},$$

so erhält man

$$\lambda = s^2 \varphi_1 + v^2 \psi; \quad \lambda' = - s^2 \varphi_1 - (2 v s - v^2) \psi$$

und dasselbe Verfahren läßt sich nach den Angaben unter A)—F) in verschiedener Weise anwenden.

* 9 7 8 3 4 8 6 7 5 6 0 8 1 *